安装工程识图与构造

主　编　郭喜庚

主　审　程　述

北京理工大学出版社

BEIJING INSTITUTE OF TECHNOLOGY PRESS

内 容 提 要

  本书系统地介绍了当前常见类型的安装工程构造及识图内容，具有较强的针对性和实用性。全书以不同的单位工程来划分章节，以最常见的安装工程为案例进行讲解，其内容主要包括管道工程施工图识读、常用管道工程基本知识、给水排水管道附件、给水排水管道工程构造、消防工程识图与构造、通风空调工程识图与构造、建筑电气照明工程识图与构造、建筑物防雷工程识图与构造等。全书依据《安装工程预算常用定额项目对照图示》及其相关规范、标准等文件进行编写。

  本书可作为高等院校土木工程类相关专业的教材，也可作为从事建筑安装工程造价的工程技术管理人员的培训及参考用书，特别适用于建筑安装工程造价员岗位从业者及初学者使用。

图书在版编目（CIP）数据

安装工程识图与构造 / 郭喜庚主编.—北京：北京理工大学出版社，2018.1
ISBN 978-7-5682-5070-2

Ⅰ.①安…　Ⅱ.①郭…　Ⅲ.①建筑制图－识图－高等学校－教材　Ⅳ.①TU204.21

中国版本图书馆CIP数据核字(2017)第313372号

出版发行 /	北京理工大学出版社有限责任公司	
社　　址 /	北京市海淀区中关村南大街5号	
邮　　编 /	100081	
电　　话 /	(010)68914775(总编室)	
	(010)82562903(教材售后服务热线)	
	(010)68948351(其他图书服务热线)	
网　　址 /	http://www.bitpress.com.cn	
经　　销 /	全国各地新华书店	
印　　刷 /	北京紫瑞利印刷有限公司	
开　　本 /	787毫米×1092毫米　1/16	
印　　张 /	13.5	责任编辑 / 李玉昌
字　　数 /	317千字	文案编辑 / 李玉昌
版　　次 /	2018年1月第1版　2018年1月第1次印刷	责任校对 / 周瑞红
定　　价 /	58.00元	责任印制 / 边心超

前　言

随着进一步贯彻落实国务院做好住房和城乡建设各项工作的战略决策，促进经济平稳较快增长，把扩大内需工作作为当前各项工作的首要任务，建筑业步入到一个空前繁荣的发展时期。随着建筑业的发展，迫切需要大量懂识图、懂工艺的建筑设备技术管理人才，因此，目前不少高等院校开设了建筑设备工程技术专业或在工程管理、工程造价专业下开设了安装工程方向，但适用的教材较少，制约了教学工作开展和专业人才培养。本书的编写目的是通过图纸实物对照让学生对安装工程图纸的识读能力得到提升，从而提升专业技能，提高工作效率。全书的编写层次分明，由浅及深，条理清晰，结构合理，重点突出。

本书在编写过程中，按照教育部专业教学改革精神，以及学校在示范校建设过程中，为适应新形势下教学改革和课程改革需要，以项目化教学课程改革的成果为基础，对书稿进行了新的编排。书稿充分考虑了对于能力的提升需求，为更好地培养适应建筑安装行业的技术人才服务。本书主要具有以下特点：

（1）尊重高等教育的特点和发展趋势，合理把握"基础知识够用为度、注重专业技能培养"的编写原则。

（2）本书是为初学者而编写，内容通俗易懂，举例均是以普通住宅建筑安装工程的案例来说明。

（3）本书意在展示安装工程构造内容，图示丰富多样，既有标准规范的工程图，又有简单易读的示意图，还有各种立体图、效果图、实物图等穿插其中，帮助读者理解安装工程构造，准确识图。

（4）教材内容涵盖了给水排水、消防、电气照明、通风空调等几个方面的有代表性的安装工程类型，同时也在书中介绍了各种管材、线材、型钢等常用材料的内容。教材内容全面且主次分明。

（5）每个章节均有配套习题，以便巩固课堂知识，强化学习效果。

本书由郭喜庚担任主编。全书由程述主审。

在本书编写过程中，编者查阅了大量公开或内部发行的技术资料和书刊，借用了其中一些图表及内容，在此向原作者致以衷心的感谢。

由于编者水平有限，加之时间仓促，书中难免存在缺漏及不妥之处，敬请广大读者和专家批评指正。

编　者

目 录

第一章

管道工程施工图识读

知识目标

1. 了解工程图纸构成、各部分要表达的意义及作用；
2. 掌握管道工程图的制图标准与基本画法；
3. 熟练识读管道工程平面图、系统图。

能力目标

1. 能识读工程图纸；
2. 能够识读、绘制管道工程平面图；
3. 能够识读、绘制管道工程轴测图。

素质目标

1. 遵守相关规范、标准和管理规定；
2. 具有严谨的工作作风、较强的责任心和科学的工作态度；
3. 具备良好的语言文字表达能力和沟通协调能力；
4. 爱岗敬业，严谨务实，团结协作，具有良好的职业操守。

第一节　管道工程施工图构成

一、基本图纸部分

基本图纸是指设计人员对暖卫管道工程设计绘制的图纸。该部分图纸包括以下六个方面的内容。

(一)图纸目录

图纸目录的作用是便于施工安装人员对施工图进行阅读与查找，同时也便于档案管理。图纸目录是由设计人员按照图纸名称及顺序编排的一张表。在该表中先排列新设计的图纸的序号，再排列标准图的序号(按国标、部标、省标和院标的顺序进行排列)。具体参见表1-1。

表 1-1　图纸目录

序号	图号	图纸名称(图纸内容)	图幅	绘图比例
1	TS—01	图纸目录，设计与施工说明	A1	1：100
2	TS—02	一层给水排水平面图	A1	1：100
3	TS—03	二层给水排水平面图	A1	1：100

图纸目录可以用 A4 的图纸单独打印，也可以放在第一张图纸设计与施工说明的最前面一并打印。

(二)设计与施工说明

设计与施工说明的作用：图纸无法说明与表示的技术问题，必须通过语言文字说明。

一般包括以下需要叙述的内容：

(1)工程设计参数，如空调室内设计温度 $T_N = 25\ ℃ \pm 2\ ℃$，室内设计相对湿度 $\Psi_N = 50\% \pm 5\%$；

(2)施工采用的技术规范和施工质量要求；

(3)系统运行控制顺序；

(4)系统压力实验参数及要求；

(5)管道与设备的连接方法；

(6)系统保温要求、所选用的保温材料种类和保温厚度；

(7)系统所选用的管材及连接方法；

(8)设备减振方法及减振材料(设备)的选用。

(三)主要设备及材料表

主要设备及材料表的作用是便于工程施工备料。

需要说明的是，该表所列的设备与材料不能作为工程预算的完全依据，因为管道工程施工还涉及许多辅助材料，另外，该表所列的设备材料也不一定完备。主要设备及材料表的形式参见表1-2。

表 1-2　主要设备及材料表

序号	设备及材料名称	型号规格及参数	单位	数量	质量/kg	备注
1	冷水机组	LB75—P　$Q_0 = 879$ kW $L_0 = 151$ m³/h　$L = 188$ m³/h　$N = 180$ kW	台	2	8 500	
2	潜水泵	100—QW P—15—35—3.5　$Q = 15$ m³/h $H = 30$ m　$N = 3.5 \times 2$ kW	台	2	1 800	

表中序号就是对应施工图中设备的编号。表中符号表示如下：

对冷水机组而言：

Q_0——机组的名义制冷量(kW)；

L_0——机组的冷水流量(m³/h)；

L——机组的冷却水流量(m³/h)；

N——机组的配电功率(kW)。

对潜水泵而言：

Q——潜水泵的流量(m^3/h)；

H——扬程(m)；

N——潜水泵的配电功率(kW)。

(四)平面图

平面图的作用是表示暖卫管道工程图中的设备、管道在平面图上的布置及走向，以及管道的坡度坡向、管径的大小等。

平面图上具体要画的内容及所用的线型如下：

(1)与暖卫管道工程有关的建筑轮廓及主要尺寸，用细线条绘制；

(2)暖卫管道工程中的管道在平面上的布置及走向，单线绘制的水管用粗线条绘制，双线绘制的风管用粗线条或中粗线条绘制；

(3)暖卫管道工程中的设备在平面图上的布置，用中粗线条按比例绘制(设备的外轮廓线)；

(4)管道及设备在平面上的定位尺寸，用细线条按规定标注；

(5)各管段管径的标注，用数字按规定标注。

(五)系统图(或工艺流程原理图)

系统图(或工艺流程原理图)的作用：表示管道、设备在三维空间的布置及走向。

系统图要以轴测图(正等测或斜等测)的方式绘制，这种图完全反映了暖卫管道工程的管路系统与设备在三维空间的相对位置及走向；同时，从系统图中完全可以看清楚流体在管道与设备中的流动路线，以及每根水平管道及设备的安装标高。所以，在暖卫管道工程施工图中该图一般是必不可少的。

管道工程系统图要画的主要内容及所用的线型如下：

(1)管道在三维空间的布置及走向，用粗线条绘制；

(2)管道工程中的设备在三维空间的布置位置，用中粗线条绘制(设备的外轮廓线)；

(3)各管段管径的标注，用数字按规定标注；

(4)每根水平管及设备的安装标高，用数字按规定标注；

(5)每根水平管的坡度坡向，用箭头加数字表示。

需要注意的是，在暖卫管道工程施工图中，有些工程的设备不画在系统图上。如室内给水排水工程系统图，只画管道的系统图，所用的设备不画在系统图上。

(六)立面图(或剖面图)

立面图(或剖面图)的作用：表示管道及设备在某一立面(正立面、左立面、右立面)上的排列布置及走向，或在某剖面上的排列布置及走向。也可以说，表示的是管道、设备在某垂直方向上的排列布置情况。

立面图或剖面图要画的主要内容如下：

(1)与管道工程有关的某立面(或剖面)的建筑轮廓及主要尺寸，用细线条绘制；

(2)管道在某立面(或剖面)上的排列布置及走向，单线绘制的水管用粗线条绘制，双线绘制的风管用粗线条或中粗线条绘制；

(3)设备在某立面(或剖面)上的布置，用中粗线条按比例绘制(设备的外轮廓线)；

(4)某立面(或剖面)上每根水平管和设备的安装标高,用数字按规定标注;

(5)某立面(或剖面)上每段管子管径的标注,用数字按规定标注。

二、详图部分

在暖卫管道工程施工图中,由于局部位置管道布置复杂,或因图纸比例太小(如管道与设备的连接处),在平、立、剖面图或系统图上都无法表示清楚时,就必须采用详图的方式给予表示清楚,以便施工安装人员进行正确地施工与安装。详图分为以下三种。

(一)节点放大图

节点放大图就是管道工程施工图中局部位置管线布置或连接复杂,在平、立、剖面图上或系统图上都无法表示清楚时,而采用放大图给施工人员说明清楚的图。节点放大图一般比例较大,有时将管道用双线条按实(1:1的比例)绘制。采用双线条按实绘制的节点放大图,图纸给人有一种立体感。节点在平、立、剖面图上所在的位置要用代号表示出来,如节点"A"、节点"B"等,阅读时要与平、立、剖面图上的代号对应起来进行阅读。

(二)大样图

大样图与节点图表示的内容稍有不同,节点放大图是指某一节点的管道布置或与设备的连接情况,大样图是指一组或一套设备的配管或一组管件组合安装时的详细图纸。大样图的管道一般要求用双线条按实(1:1的比例)绘制,所以立体感很强。

需要注意的是,大样图和节点图都是详图,只是表示的内容稍有区别,目的都是要将暖卫管道工程的某一部位向施工安装人员详细表达清楚。

(三)标准图

标准图是一种具有通用性的图样。一般都是由设计研究单位编绘,国家或国家有关部、委颁发生效的标准图。这种图为设计施工提供了极大的方便,使设计与施工达到了标准化、统一化。例如,通风空调方面标准图集有:《通风机安装》,编号为12K101—1~4;《建筑防排烟系统设计和设备附件适用与安装》,编号为07K103—2;《金属、非金属风管支吊架》,编号为08K132等。给水排水方面的标准图集有:《建筑排水设备附件选用安装》,编号为04S301;《室内消火栓安装》,编号为15S202;《自动喷水与水喷雾灭火设施安装》,编号为04S206;《消防专用水泵选用及安装》,编号为04S204等。暖卫管道工程的标准图集各地标准站有售。

第二节 管道工程图的制图标准与基本画法

管道工程施工图是一种工程语言,是设计技术人员向施工安装技术人员表达设计思想和设计意图的重要工具。因此,国家制订了专门的管道工程制图标准,各设计单位必须按国家制图标准进行管道工程施工图的绘制。目前,执行的给水排水制图标准为《建筑给水排水制图标准》(GB/T 50106—2010)。

一、给水排水工程图线型种类及线型用途简介

给水排水工程制图用到的线型有七种。

1. 粗线条

粗线条线宽 $b=1.0$ mm 或 $b=0.7$ mm，粗线条的用途有以下两种：

(1)粗实线：粗实线用作绘制新设计的各种给水和其他压力流管线。

(2)粗虚线：粗虚线用作绘制新设计的各种排水和其他压力流管线的不可见轮廓线。

2. 中粗线条

中粗线条线宽为 $0.75b$，中粗线条的用途有以下两种：

(1)中粗实线：中粗实线用作绘制新设计的各种给水和其他压力流管线，以及原有的各种排水和其他重力流管线。

(2)中粗虚线：中粗虚线用作绘制各种新设计的给水和其他压力流管线及原有各种排水和其他重力流管线的不可见轮廓线。

3. 中线条

中线条线宽为 $0.5b$，中线条的用途有以下两种：

(1)中实线：中实线用作绘制给水排水设备、零(附)件的可见轮廓线；总图中新建的建筑物和构筑物的可见轮廓线；原有的各种给水和其他压力流管线。

(2)中虚线：中虚线用作绘制给水排水设备、零(附)件的不可见轮廓线；总图中新建的建筑物和构筑物的不可见轮廓线；原有的各种给水和其他压力流管线的不可见轮廓线。

4. 细线条

细线条线宽为 $0.25b$，细线条的用途有以下两种：

(1)细实线：细实线用作绘制建筑的可见轮廓线；总图中原有的建筑物和构筑物的可见轮廓线；给水排水工程制图中的各种标注线。

(2)细虚线：细虚线用作绘制建筑的不可见轮廓线；总图中原有的建筑物和构筑物的不可见轮廓线。

5. 单点长画线

单点长画线线宽为 $0.25b$，用作绘制中心线和定位轴线。

6. 折断线

折断线线宽为 $0.25b$，用作绘制断开界线。

7. 波浪线

波浪线线宽为 $0.25b$，用作绘制平面图中的水面线；局部构造层次范围线；保温范围示意线。

二、给水排水工程常用绘图比例

给水排水工程图的类别较多，所以常用的绘图比例也较多。

(1)给水排水工程区域规划图常用的绘图比例：1∶50 000、1∶25 000、1∶10 000。

(2)给水排水工程区域位置图常用绘图比例：1∶5 000、1∶2 000。

(3)给水排水工程总平面图常用绘图比例：1∶1 000、1∶500、1∶300。

(4)给水排水工程管道断面图常用绘图比例：

纵向断面比例：1∶200、1∶100、1∶50。

横向断面比例：1∶1 000、1∶500、1∶300。

(5)水处理厂(站)常用绘图比例：1∶500、1∶200、1∶100。

（6）水处理构筑物、设备间、卫生间、水泵房平剖面图常用绘图比例：1：100、1：50、1：40、1：30。

（7）建筑给水排水工程平面图常用绘图比例：1：200、1：150、1：100。

（8）建筑给水排水轴测图常用绘图比例：1：150、1：100、1：50。

（9）给水排水工程详图常用绘图比例：1：50、1：30、1：20、1：10、1：5、1：2、1：1、2：1。

三、给水排水工程管道代号

由于给水排水工程中的管道类别很多，所以，给水排水工程图中如果管道较多，一般也是用管道代号（大写汉语拼音字母）区别不同类别的管道。给水排水工程管道代号参见表1-3。

表 1-3　给水排水工程管道代号

序号	管 道 名 称	代 号
1	生活给水管	J
2	热水给水管	RJ
3	热水回水管	RH
4	中水给水管	ZJ
5	循环冷却给水管	XJ
6	循环冷却回水管	XH
7	热媒给水管	RM
8	热媒回水管	RMH
9	排水管	P
10	废水管	F
11	压力废水管	YF
12	通气管	T
13	污水管	W
14	压力污水管	YW
15	雨水管	Y
16	压力雨水管	YY
17	膨胀管	PZ
18	消火栓给水管	XH
19	自动喷水灭火给水管	ZP
20	水炮灭火给水管	SP
21	雨淋灭火给水管	YL
22	水幕灭火给水管	SM

管道代号标注方法如图1-1所示。

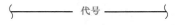

图 1-1　管道代号标注方法

一般在建筑物的给水排水系统中，会有多条管道，为了便于区分各条管道的用途，通常会对引入管（入口）、排出管（出口）和立管进行编号，并且平面图、立（剖）面图、系统图上编号都要相互对应，这样才能便于施工图的阅读。给水排水工程中的编号有如下两种情况：

（1）给水工程引入管（入口）和排水工程排出管（出口）的编号。这种情况是在建筑的给水管道系统的引入管或排水管道系统的排出管数量在两根或两根以上才进行编号，否则不用编号。

1）编号标注位置：标注在引入管的始端或排出管的末端。

2）编号方法：编号方法如图1-2所示。

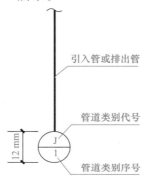

图1-2　管道序号编号方法

例如，给水系统1、给水系统2的引入管可分别用图1-3中的方法表示。排水系统1、给水系统2的排出管可分别用图1-4中的方法表示。

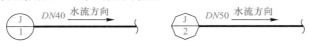

图1-3　引入管的编号方法

图1-4　排出管的编号方法

（2）给水立管与排水立管的编号。建筑内部的给水系统或排水系统的立管往往是两根或两根以上；当立管太多时，为了便于施工图的阅读，对其立管也要进行编号，并且在平面图、立面图、系统图、剖面图上的立管编号要相互对应。立管的编号有以下两种情况：

1）平面图上立管的编号。由于立管在平面图上无论管道的直径大小，都是一个直径为2～3 mm的圆，所以，其编号可用图1-5表示。

图1-5　平面图上的排水立管的编号表示方法

2）立面图、剖面图与系统图上立管的编号。由于在立面图、剖面图与系统图上立管是一条铅垂的直线，并且是要穿越各层楼的楼板，所以，立管的编号可用图 1-6 的形式表示。

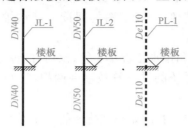

图 1-6　立面图、剖面图与系统图上立管的编号表示方法

四、管道拐弯(或称转向)在施工图上的画法

管道拐弯分为两种：一种是 90°拐弯(其中又分平面图上的 90°拐弯和立面图上的 90°拐弯)；另一种是小于 90°的拐弯(也分平面图上小于 90°的拐弯和立面图上小于 90°的拐弯)。

1. 管道 90°拐弯在施工图上的画法

任何工程图在空间都有四个方向的视图(正立面图、左立面图、右立面图、平面图)，只要有三个方向的视图就完全可以确定它的几何形状；管道工程图也是这样。

下面我们用两个实例图来说明管道 90°拐弯的具体画法。

在图 1-7 中因为 1 号管是立管，所以在平面图上是一个圆圈(看到管口)，2 号管不能画到 1 号管圆的中心；2 号管在左立面图上只能看到管背，所以 1 号管要画到 2 号管圆的中心。注意图中对应的每根管道的编号。图 1-7 是管道在空间只拐了一个 90°弯的情况。如果管道在空间拐了两个或两个以上的 90°弯，其画法就要复杂一些了。如图 1-8 所示为管道拐了两个 90°弯。

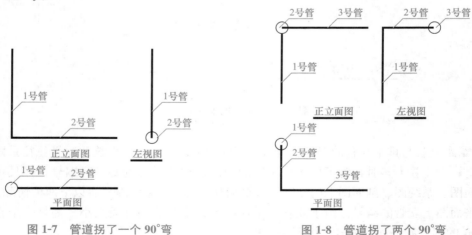

图 1-7　管道拐了一个 90°弯　　　　图 1-8　管道拐了两个 90°弯

由此可以总结管道 90°拐弯在施工图上的总的画法原则是：管背到(圆)中心，管口到(圆)边缘。例如，水平管道垂直向上拐 90°弯，在平面图上看到的是"管口"，所以，在平面图上的画法是"到边缘"；又如铅垂管道垂直向后拐 90°弯，在立面图上看到的是"管背"，所以，在立面图上的画法是"到中心"。

2. 小于90°拐弯的画法

在实际工程中有时管道拐弯小于90°，这种情况的画法如图1-9所示。

由此可见，它的画法与90°拐弯稍有不同，它没有垂直拐弯，在某一个方向看不到实际投影长度的管道的画法有时只能用半圆来表示。图1-9中的1号管在平面图和左视图上的投影就不是它的实际长度。

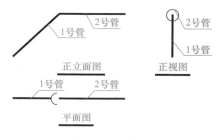

图 1-9　管道小于90°拐弯的画法

五、管道连接在施工图上的画法

在暖卫管道工程中，管道垂直连接有两种可能：一种是两根管道垂直相交形成三通连接；另一种是四根管道在水平平面或垂直平面上垂直相交形成四通连接。三通或四通连接在施工图上的画法也是根据"管背到中心，管口到边缘"的方法绘制的。

1. 两根管道垂直相交形成三通连接的画法

两根管道垂直相交形成三通连接的画法如图1-10所示，要注意不同视图用圆表示管道的区别，2号管在左右立面图上的画法是完全不同的。因为在左立面图上可以看到2号管的"管口"，所以根据管口到边缘的画法，1号管不能穿过2号管的圆圈；在右立面图上看到的是2号管的"管背"，所以根据管背到中心的画法，1号管要穿过2号管的圆圈。

2. 四根管道在平面上垂直相交形成四通连接的画法

四根管道在平面上垂直相交形成四通连接的画法如图1-11所示。

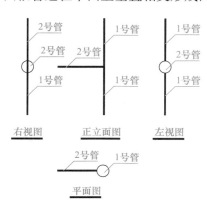

图 1-10　两根管道垂直相交
形成三通连接的画法

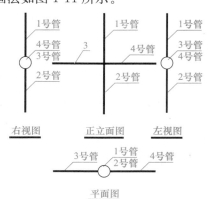

图 1-11　四根管道在平面上垂直相交
形成四通连接的画法

六、管道交叉但不连接在施工图上的画法

这里讲的交叉不是前面讲的形成三通、四通连接的交叉，而是指两根或两根以上的管道在空间的标高不同，或立面上前后距离不同的交叉。这种交叉根据管道的位置关系在施工图上采取断开的方法绘制。总的绘制原则是："断（开）低不断高，断（开）后不断前"。

1. 平面图上管道交叉但不连接的画法

由于在平面图上管道交叉但不连接的位置关系是"高低关系"，所以绘制方法是断（开）低不断高。如图 1-12 所示，如果图上 1、2、3、4 号管没有标高的话，也可根据平面图断（开）低不断高的绘制方法判断，四根管道从高到低的排列顺序是：3→1→4→2。

2. 立面图上或剖面图上管道交叉但不连接的画法

由于在立面图上或剖面图上管道交叉但不连接的位置关系是"前后关系"，所以绘制方法是断（开）后不断前。如图 1-13 所示，根据立面图或剖面图断（开）后不断前的绘制方法判断，四根管道从前到后的排列顺序是：3→1→4→2。

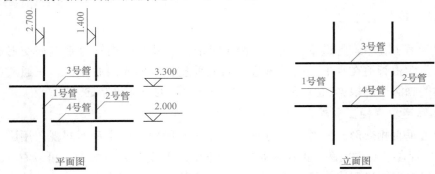

图 1-12　平面图上管道交叉但不连接　　　　图 1-13　立面图上管道交叉但不连接

另外，在系统图上的绘制要结合以上两种方法进行，也就是说，如果管道在系统图上的位置是高低关系形成交叉，就用断低不断高的方法绘制；如果管道在系统图上的位置是前后关系形成交叉，就用断后不断前的方法绘制。

七、管道重叠在施工图上的画法

在空间某断面上管道重叠的情况很多。如果管道在某个方向上重叠太多的话，只能用立面图或剖面图来表示多根管道的上下位置关系。如果重叠的管道在四根以内，而又不想画立面图或剖面图的时候，就可以用加断裂线的方式表示出管道的高低关系（或前后关系）。但管道间的间隔距离反映不出来，只能说明几根管道间的高低（或前后）的位置关系。总的绘制原则是："断（断裂线）高不断低，断（断裂线）前不断后"。

1. 平面图上管道重叠的画法

平面图上重叠的管道位置关系也是"高低关系"，所以，绘制方法是断（断裂线）高不断低。具体绘制方法有以下三种：

（1）四根管道在平面上的直线重叠，可以用图 1-14 的绘制方法，图上四根管道从高到低的顺序是：1→2→3→4。

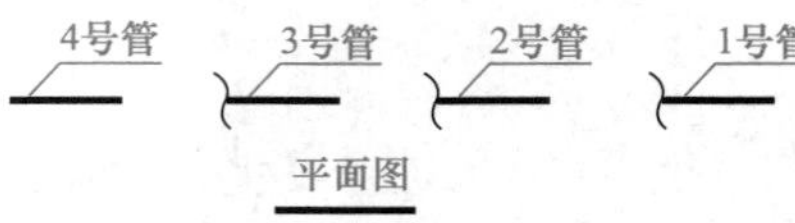

（2）两根管道在平面上的直线重叠。如果两根管道在平面图上直线重叠，就可以用图 1-15 的绘制方法，图上两根管道从高到低的顺序是：1→2。

图 1-14　四根管道在平面上的直线重叠

（3）在平面图上管道拐弯重叠。平面图上管道拐弯重叠，可以用图 1-16 的绘制方法，图上两根管道从高到低的顺序是：1→2。

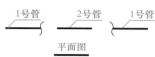

图 1-15　两根管道在平面图上的直线重叠

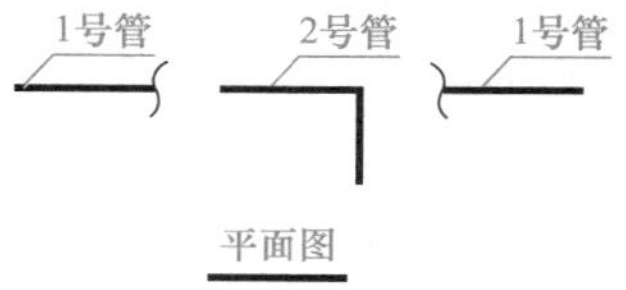

图 1-16　在平面图上管道拐弯重叠

2. 立面图上管道重叠的画法

立面图上重叠的管道位置关系是"前后关系"，所以，绘制方法是断（断裂线）前不断后，具体画法有以下三种：

（1）四根管道在立面图上的直线重叠，如图 1-17 所示，图上四根管道从前到后的顺序是：1→2→3→4。

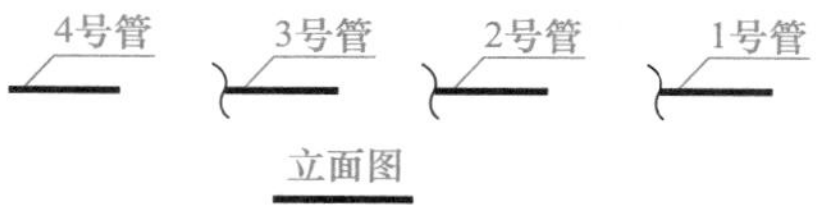

图 1-17　四根管道在立面图上的直线重叠

（2）两根管道在立面图上的直线重叠，如果两根管道在立面图上直线重叠，可以用图 1-18 的绘制方法，图上两根管道从前到后的顺序是：1→2。

（3）在立面图上管道拐弯重叠。立面图上管道拐弯重叠，可以用图 1-19 的绘制方法，图上两根管道从前到后的顺序是：1→2。

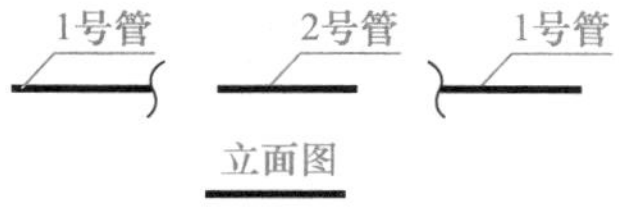

图 1-18　两根管道在立面图上的直线重叠

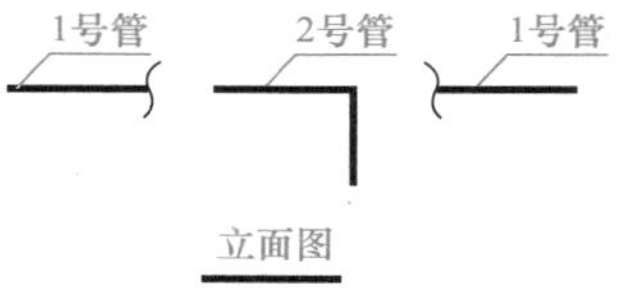

图 1-19　在立面图上管道拐弯重叠

八、管子管径的表示方法与在施工图上的标注方法

暖卫管道工程最传统最常用的是焊接钢管（也叫作有缝钢管、水煤气输送管、低压流体输送管）管径的表示方法，管径用公称直径（也叫作称呼直径、名义直径）表示，现行标准记作"DN"。工程中用得最多的焊接钢管的公称直径为 $DN15 \sim DN150$（单位是 mm）。焊接钢管的公称直径是直接用公称直径符号加直径数字来表示的。如 $DN15$、$DN25$、$DN32$、$DN40$、$DN50$、$DN80$ 等。

需要说明的是，在过去的管道制图标准中，焊接钢管的公称直径是用符号"Dg"来表示的，但现在已不再使用了。

另外，在过去实际工程中，焊接钢管的管径还有用英寸表示的，英寸的单位符号是 in（1 in＝25.4 mm），它与公称直径之间没有直接的换算关系，它们对应的大致关系见表 1-4。

表 1-4　英制直径与公称直径之间大致换算关系

公称直径/mm	15	20	25	40	50	100
对应英制直径/in	$\frac{1}{2}$	$\frac{3}{4}$	1	$1\frac{1}{2}$	2	4

另外，焊接钢管的英制直径现在已不用，大致了解一下即可。同时还需注意，焊接钢管的公称直径既不是钢管的内径，也不是钢管的外径和外径加内径的平均值，所以，又称为称呼直径(或名义直径)。

施工图上钢管管径的标注有两种方法，如图 1-20 所示。

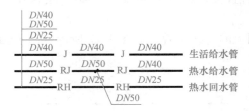

图 1-20　钢管管径的标注方法

(1)直接标注在绘制的横向管道的上方或竖向管道的左边。
(2)用引线的方式进行标注。

九、管道及设备安装标高与管道坡度坡向在施工图上的表示或标注

管道工程施工图中管道和设备的安装标高也是施工安装必不可少的尺寸，施工图中也必须有管道与设备的安装标高。

管道和设备的安装标高一般在立、剖面图或系统图上标注，平面图上一般不标管道设备的安装标高。水管与设备安装标高标注的位置：管道(水管)安装标高标注的位置是管道水平拐弯处或管道的末梢处，如图 1-21 所示；设备的安装标高标注的位置一般是设备的某一个水平面上，如图 1-22 所示。

图 1-21　管道(水管)安装标高标注方法　　　图 1-22　设备的安装标高的标注方法

第三节　管道斜等测轴测图的画法

一、斜等测空间坐标的建立与三个方向绘制长度的选取

(一)斜等测空间坐标的建立

斜等测空间三个坐标轴 X、Y、Z，如图 1-23 所示。

为了方便介绍，我们做如下规定：在水平面上，坐标 X 方向称为纵向，坐标 Y 方向称为横向；在垂直面上，坐标 Z 方向称为竖直方向。

(二)斜等测轴测图三个方向绘制长度的选取

管道工程系统图(或轴测图)一般都要按比例绘制,但三个方向的绘制长度选取是不一样的,这样绘制出来的管道轴测图才比较有立体感。假如我们是按1:1的比例绘制管道轴测图,则三个方向的绘制长度选取如下:

(1)横向Y按实长选取绘制:即该方向有多长就画多长。如果是按其他比例绘制,就要按比例计算出它的绘制长度。

(2)纵向X按实长的一半选取绘制:即纵向在斜等测轴测图上的长度是实际长度的一半。如果按其他比例绘制,也要按比例计算出它在该方向的绘制长度。

(3)竖直方向Z按实长选取绘制:该方向的绘制长度同横向Y。

例如,有一个边长为10 cm的盒子,它的斜等测轴测图如图1-24所示,按照以上规定绘制的一个边长为10 cm的正方形盒子的斜等测轴测图,具有极强的立体感,一看就知道是一个正方形的盒子。

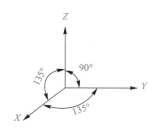

图1-23 斜等测空间坐标

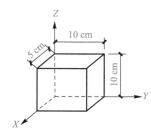

图1-24 10 cm的盒子的轴测图

二、管道斜等测轴测图的画法实例

管道斜等测轴测图也是按上面的规定进行绘制。下面以管道平面、立面图为依据,介绍管道斜等测轴测图的具体画法。

图1-25(a)是管道连接的平面图、立面图;图1-25(b)是根据三视图绘制对应的斜等测轴测图。图1-24(b)的画法是三根不同方向的直管在空间90°拐弯连接组成的图形,首先判断每根管道所在的方向和绘制应该选取的长度。

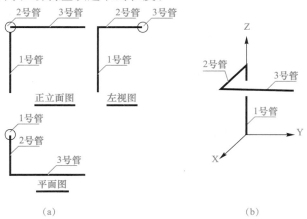

(a)   (b)

图1-25 管道轴测图画法

1号管是竖直 Z 方向，按实际长度绘制；2号管是纵向 X 方向，按实际长度的一半绘制；要注意的是该管道的后端是与1号管道的顶端连接形成向下(或向前)拐 90°弯。3号管是横向 Y 方向，按实际长度绘制。并且2号管的前端与3号的左端相连接，形成水平向右拐 90°弯。

另外，图中的1号管与3号管是前后关系(3号在前、1号在后)，所以要按照断后不断前的方法画，即1号管与3号管重叠的部分要断开1号管。

图 1-26(a)是由5根管道连接的平面图和立面图；图 1-26(b)是根据三视图绘制对应的管道斜等测轴测图。

图 1-26(b)的画法是五根不同方向的直管在空间 90°连接形成的图形，首先判断每根管道所在的方向和绘制选取的长度。

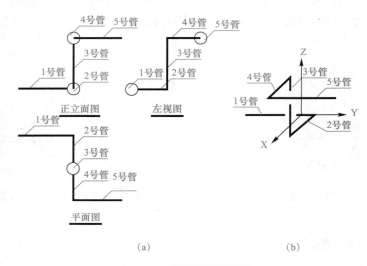

(a)   (b)

图 1-26　管道轴测图画法

1号管是横向 Y 方向，按实长绘制；2号管是纵向 X 方向，按半长绘制，且1号管的右端与2号管的后端连接形成向前拐 90°弯；3号管是竖直 Z 方向，按实长绘制，且2号管的前端与3号管的底端连接形成向上拐 90°弯；4号管是纵向 X 方向，按半长绘制，且3号管的顶端与4号管的后端连接形成向前拐 90°弯；5号管是横向 Y 方向，按实长绘制，且4号管的前端与5号管的左端连接形成向右拐 90°弯。

图中3号管与1号管是前后关系(3在前、1在后)，5号管与3号管也是前后关系(5在前、3在后)，所以要按照断后不断前的方法进行绘制。

另外，从轴测图的绘制方法，总结出管道斜等测轴测图的画法是(管道在空间均为 90°拐弯连接)：

根据平面图画系统图：横画横，纵画斜，圆圈画垂直(管背向下垂直，管口向上垂直)。

根据立面图画系统图：横画横，竖画垂直，圆圈画斜(管背向后斜，管口向前斜)。

1. 斜等测空间三个坐标 X、Y、Z 相互间的夹角分别是多少度？
2. 斜等测轴测图三个方向的绘制长度是如何选取的？
3. 根据管道施工平面图是如何绘制管道斜等测系统的？
4. 根据管道施工立面图是如何绘制管道斜等测系统的？

第二章

常用管道工程基本知识

📡 知识目标

1. 掌握给水排水常用管材形式及安装方式；
2. 掌握给水排水管道标注方式；
3. 掌握各种管件的用途及安装方式；
4. 掌握常用板材、型钢的规格标注及用途。

📖 能力目标

1. 能识别管道规格、压力的标注方法；
2. 能根据给水排水管道工程常用管道材质、特征及常用管件进行合理选用；
3. 能进行给水排水管道工程简单的安装；
4. 能知道各种型钢的标识方法及用途。

⚙ 素质目标

1. 遵守相关规范、标准和管理规定；
2. 具有严谨的工作作风、较强的责任心和科学的工作态度；
3. 具备良好的语言文字表达能力和沟通协调能力；
4. 爱岗敬业，严谨务实，团结协作，具有良好的职业操守。

第一节 公称直径、公称压力、实验压力和工作压力

一、管子、管件的公称直径

这里的管件是指与管子直径相匹配的三通、四通、弯头及大小头等管道配件。

管子、管件的公称直径又称为称呼直径，也称为名义直径，是管路系统中所有管路附件用数字表示的尺寸，公称直径是供参考用的一个方便的圆整数，与加工尺寸仅呈不严格的关系。它

不是实际意义上的管道外径或内径,虽然其数值跟管道内径较为接近或相等。管子、管件的公称直径用 DN 表示,数值的单位是 mm。例如,公称直径为 15 mm、25 mm、40 mm、50 mm 的钢管,可以写作 DN15、DN25、DN40、DN50,施工图中的标注就是按这种写法进行标注的。

同一公称直径的管子与管路附件均能相互连接,也就是说管子或管件无论是哪一生产厂家生产的,只要公称直径相同,它们就具有互换性,这样便于设计标准化,也便于施工安装材料的购买,是一种通用标准。

二、管子、管件的公称压力、实验压力和工作压力

管子、管件的公称压力、实验压力和工作压力是指在一定温度条件下管子、管件的耐压能力,三者的区别在于标定管子、管件的耐压力时介质的温度不同。

(一)管子、管件的公称压力 PN

基准温度为 200 ℃ 的条件下,管子、管件的耐压强度称为公称压力 PN,单位为 MPa。例如,某批管子、管件的公称压力为 2 MPa,就可以写作 PN2(单位不用写明)。

由于制造管子、管件的材料在不同的温度条件下的耐压能力是不同的,所以,为判断某种材料制造的管子、管件的耐压强度,就必须以一个相同的温度做比较标准,这个相同的温度,就是前面所说的基准温度。用碳钢制造的管子、管件基准温度为 200 ℃。

(二)管子、管件的实验压力 Ps

常温下管子、管件的耐压强度称为实验压力 Ps,单位是 MPa。例如,某批管子、管件的实验压力为 1.6 MPa,就可以写作 Ps1.6(单位不用写明)。

一般生产厂家生产的某批管子、管件在出厂之前要在常温下做压力和严密性实验,所谓的实验压力也就是指的这个压力。

(三)管子、管件的工作压力 Pt

某特定温度条件下管子、管件的工作耐压强度称为工作压力 Pt,"t"为介质最高温度的 1/10 的整数值,单位是 MPa。例如,某批管子、管件的工作压力为 P25 2.3,就是表明该批管子、管件工作介质温度在 250 ℃ 的条件下,工作压力是 2.3 MPa。

需要说明的是,管道系统的工作压力与这里所说的管子、管件的工作压力是两个不同的概念。管道系统的工作压力是指管道系统工作情况下的压力;管子、管件的工作压力是指在某温度条件下管子、管件的工作耐压强度。

(四)管子、管件的三个压力大小关系

对于同一根碳钢管子来说,公称压力、实验压力、工作压力的关系如下:

$$Ps > PN \geqslant Pt$$

碳钢制造的管子、管件的公称压力、实验压力与最大允许工作压力参见表 2-1。

表 2-1 碳钢制造的管子、管件公称压力、实验压力与最大允许工作压力表

PN /MPa	Ps /MPa	工作介质温度 t/℃						
		200	250	300	350	400	425	450
		Pt_{max}/MPa						
		P20	P25	P30	P35	P40	P42	P45
0.10	0.20	0.10	0.10	0.10	0.07	0.06	0.06	0.05

PN /MPa	Ps /MPa	工作介质温度 t/℃						
		200	250	300	350	400	425	450
		Pt_{max}/MPa						
		P20	P25	P30	P35	P40	P42	P45
0.25	0.40	0.25	0.23	0.20	0.18	0.16	0.14	0.11
0.40	0.60	0.40	0.37	0.33	0.29	0.26	0.23	0.18
0.60	0.90	0.60	0.55	0.50	0.44	0.38	0.35	0.27
1.00	1.50	1.00	0.92	0.82	0.73	0.64	0.58	0.45
1.60	2.40	1.60	1.50	1.30	1.20	1.00	0.90	0.70
2.50	3.80	2.50	2.30	2.00	1.80	1.60	1.40	1.10
4.00	6.00	4.00	3.70	3.30	3.00	2.80	2.30	1.80
6.40	9.60	6.40	5.90	5.20	4.30	4.10	3.70	2.90
10.00	15.00	10.00	9.20	8.20	7.30	6.40	5.80	4.50

需要注意的是，表中的工作压力 Pt 是与温度 t 有关系的，并且工作介质的温度 t 越高，最大允许工作压力 Pt_{max} 越小。

第二节　管道工程的分类

管道工程的分类方法有四种，按不同的分类方法，又可将管道工程分为几种不同的类型。

一、按管道工程的基本特性和服务对象分类

按照管道工程的基本特性和服务对象分类，可以将管道工程分为以下几种类型。

(一)暖卫管道工程

暖卫管道工程是指为建筑内的人们生活，或者是对改善劳动卫生条件输送工作介质的管道。前面介绍的有关管道工程都是这一类型的管道工程。

(二)工业管道工程

工业管道工程是指为工业生产输送工作介质的管道，其一般都是要与生产设备相互连接。工业管道工程又可以分为以下两种。

1. 工艺管道工程

工艺管道工程是指直接为产品生产输送物料(或介质)的管道工程，又称物料管道工程(也称气力输送管道工程)。例如，酿造厂生产调味品，用管道输送豆类原料等。

2. 动力管道工程

动力管道工程是指为生产设备输送动力用工作介质的管道工程。例如，锻造车间气锤用的高压空气或蒸汽输送管道，可见，动力管道内流动的是用于动力的工作介质。工业管道在前面介绍的内容中没有涉及。

二、按管道输送的工作介质的压力分类

按管道输送的工作介质的压力分类，不同服务对象的管道工程，压力是不同的，并且压力级数差别较大。

(一)工业管道工程压力级别

工业管道工程根据输送的工作介质压力的大小可分为以下四级：

(1)低压工业管道工程：公称压力 $PN \leqslant 1.6$ MPa；

(2)中压工业管道工程：1.6 MPa<公称压力 $PN \leqslant 10$ MPa；

(3)高压工业管道工程：10 MPa<公称压力 $PN \leqslant 100$ MPa；

(4)超高压工业管道工程：公称压力 $PN > 100$ MPa。

管道内输送的流体的压力越高，管道承受的压力就越大，对管道材质的要求也就越高，对施工技术要求也越高。

(二)暖卫管道工程的压力级别

暖卫管道工程属于低压管道，其公称压力 $PN < 1.6$ MPa。

三、按管道输送的工作介质的温度分类

管道工程中的管道内输送的工作介质的温度差别很大，因此，若按输送的介质的温度分类，可将管道工程分成以下四种类型：

(1)低温管道工程：输送的工作介质的温度在−40 ℃以下。

(2)常温管道工程：输送的工作介质的温度为−40 ℃～120 ℃。

需要说明的是：这里的常温是以铸铁管的耐温界限为基准的常温，也就是说，工作温度为−40 ℃～120 ℃时，铸铁的机械强度与我们通常所说的常温20 ℃接近，所以把这里的常温定为−40 ℃～120 ℃。

(3)中温管道工程：输送的工作介质的温度为121 ℃～450 ℃。

这里的上限温度450 ℃是按优质碳钢的最高使用温度确定的。

(4)高温管道工程：输送的工作介质的温度>450 ℃。

如果管道内输送的介质温度超过450 ℃，管道必须做技术处理(管道的内壁面做耐高温衬里材料)，因为优质碳钢制造的管子的允许上限工作温度不能大于450 ℃。

四、按管道输送的介质的性质分类

(一)水、蒸汽输送管道工程

水、蒸汽输送管道工程大部分都属于暖卫管道工程，诸如室内给水排水工程、蒸汽采暖工程等。

(二)腐蚀性介质输送管道工程

腐蚀性介质输送管道工程是指管道中输送的工作介质具有腐蚀性，如硫酸、硝酸、盐酸等工作介质，它们都具有较强的腐蚀性。腐蚀性介质输送管道工程，按腐蚀性介质每年对材料的腐蚀速度(或腐蚀深度)又可分为以下几项：

(1)弱腐蚀性介质输送管道工程：对碳钢管道的腐蚀速度≤0.1 mm/a；

(2)中腐蚀性介质输送管道工程：对碳钢管道的腐蚀速度0.1～1 mm/a；

（3）强腐蚀性介质输送管道工程：对碳钢管道的腐蚀速度＞1 mm/a。

(三)化学危险品介质输送管道工程

例如，输送汽油、煤气、氢气、甲醇、乙醇等气体的管道都是属于化学危险品介质输送管道工程。这些介质最大的特性是易燃、易爆或有毒。所以，在输送过程中要采取严格的安全保护措施。

(四)易凝固、沉淀介质输送管道工程

例如原油，在管道内输送时容易产生凝固；又如苯、尿素溶液在输送过程中易出现结晶而沉淀；乙炔气体在 0 ℃以上时，当管内压力较高时，容易产生含水结晶体堵塞管道。所以管道中输送这些介质时，必须要使它的温度高于凝固温度，才能保证管道内输送的介质不会凝固、沉淀。

第三节　常用管材及管件构造

管道工程中所用的管材种类较多，并且在不同的管道工程中用的管材也不同。同时，随着科学技术的发展，工程中用到的新型管材也较多。按管道的材质可分为金属管、非金属管和衬里管。金属管包括钢管、铸铁管和有色金属管；非金属管常用的有混凝土管、塑料管、玻璃钢管；衬里管是指具有耐腐蚀衬里的管子。这里我们只就暖卫管道工程常用的管材进行介绍。

一、常用管道及管件图例

常用管道及管件见表 2-2。

表 2-2　常用管道及管件

序号	名称	图例	序号	名称	图例
1	法兰连接		7	正三通连接	
2	承插连接		8	四通连接	
3	活接头		9	盲板	
4	管堵		10	管道丁字上接	高 低
5	法兰堵盖		11	管道丁字下接	低 高
6	弯折管	高 低	12	管道交叉	低 高

二、常用钢管与管件

(一)低压流体输送用焊接钢管与管件

1. 焊接钢管

（1）焊接钢管管材的制造材料。焊接钢管的制造材料通常是用普通碳钢（A2、A3、A4）制造而成，管壁容易生锈如图 2-1 所示。焊接钢管的规格表示方法是以公称直径"*DN*"表示。

图 2-1　焊接钢管

（2）焊接钢管管材的特征。焊接钢管管材的纵向或轴向有一条明显的焊接缝。也就是说，低压流体输送管道（又称为水煤气输送管）是普通碳钢板材，因其是通过卷制焊接而成的管道，所以又称为有缝钢管。

（3）焊接钢管的分类。焊接钢管可分为以下几种类型：

按表面是否镀锌：表面镀锌称为镀锌钢管或白铁管，表面不镀锌称为黑铁管；按管材壁厚分为：普厚管，加厚管，薄壁管。壁厚不同，耐压强度不同，工作压力不超过 1.0 MPa 使用普厚钢管，工作压力不超过 1.6 MPa 使用加厚钢管，薄壁管不耐压，不能做水管用。

2. 镀锌钢管

镀锌钢管是表面有热浸镀或电镀锌层的焊接钢管。镀锌可增加钢管的抗腐蚀能力，延长使用寿命。镀锌管的用途很广，可作输水、煤气、油等一般低压力流体的管线管，如图 2-2 所示。

图 2-2　镀锌钢管

3. 镀锌管件及作用

镀锌管件都是镀锌的，并且是用于镀锌焊接钢管连接形成管道系统用的配件（注意：镀锌钢管与管件之间都是采用丝扣连接，并且内丝与外丝才能相连接，内丝与内丝、外丝与外丝是不能相连接的），暖卫管道工程常用的镀锌钢管管件有以下九种，它们的作用、外形，以及与管道连接的示意图如下所述：

（1）管箍（又称直接）。管箍用于两根公称直径相同的钢管的直线连接。管箍外形及与管道连接如图2-3所示。

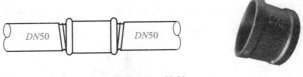

图2-3　管箍

（2）异径管（又称大小头）。异径管用于两根公称直径不相同的钢管的直线连接。异径管外形及与管道连接如图2-4所示。

图2-4　异径管

（3）90°弯头。90°弯头用于管道90°拐弯处的连接。工程实际中使用的90°弯头又有以下两种：

1）等径90°弯头。等径90°弯头用于公称直径相同的钢管90°拐弯处的连接。等径90°弯头外形及与管道的连接如图2-5所示。

图2-5　等径90°弯头

2）异径90°弯头。异径90°弯头用于公称直径不相同的钢管90°拐弯处的连接。异径90°弯头外形及与管道连接如图2-6所示。

图2-6　异径90°弯头

（4）三通。三通用于直管垂直分支处的连接。三通又有以下两种：

1）等径三通。等径三通是指三个方向管道的公称直径相同。等径三通外形及与管道连接如图 2-7 所示。

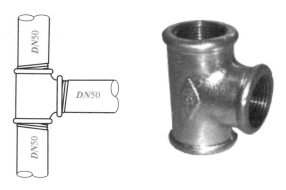

图 2-7　等径三通

2）异径三通。异径三通是指分支管上的公称直径小于直线方向上管道的公称直径。异径三通外形及与管道连接如图 2-8 所示。

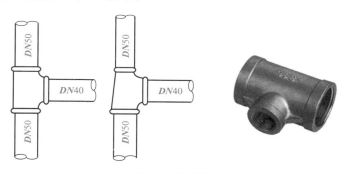

图 2-8　异径三通

（5）四通。四通用于平面上四根钢管相互垂直相交处的连接。工程实际中常用的四通也有以下两种：

1）等径四通。等径四通四个方向连接的钢管的公称直径相等。等径四通外形及与管道连接如图 2-9 所示。

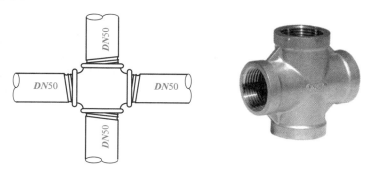

图 2-9　等径四通

2)异径四通。异径四通是指一直线上的两根钢管的公称直径与另一直线上的两根钢管的公称直径不相同。异径四通外形及与管道连接如图 2-10 所示。

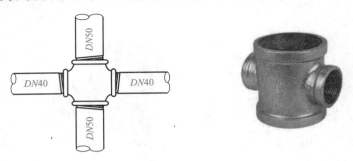

图 2-10　异径四通

(6)活接头(又称由任)。活接头用于需要经常拆装维修的两根公称直径相同的钢管或管件的连接，如图 2-11 所示。

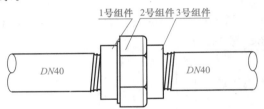

图 2-11　活接头与管道连接图

由图 2-11 的连接图可以看出，活接头是由三个组件构成的，1、2、3 号组件的构造如图 2-12 所示。由图 2-12 可以看出，1 号组件带内外丝，2 号组件带内丝，3 号组件也带内丝，并有一个凸出的肩，以便与 2 号组件配合连接 1 号组件。同时，1 号组件上有一放置橡胶密封圈的凹槽，3 号组件有一凸出的轮与 1 号组件的凹槽相匹配，使橡胶密封圈在其中得以扣紧密封。

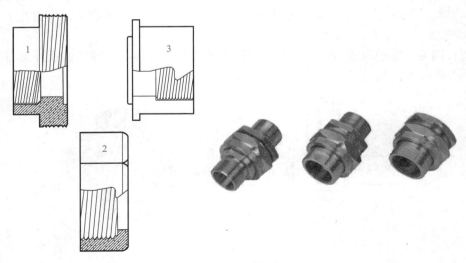

图 2-12　活接头

（7）内外丝（也称补心）。一端为外螺纹，另一端为内螺纹，用于直线管路变径处的连接管件，作用与大小头相同，内外丝如图 2-13 所示。

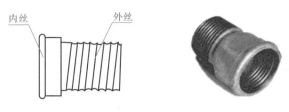

图 2-13　内外丝

（8）外接头（也称双头外丝）。外接头用于两个公称直径相同或不同的内螺纹管道的连接，外接头如图 2-14 所示。

图 2-14　外接头

例如，用水龙头与给水横管连接，这时要用到的管件有，给水横管上一个三通（多为异径三通），在分支管上连接一个外接头，再在外接头上连接一个直接，最后接用水龙头，如图 2-15 所示。如果水龙头连接的长度≥10 cm 可以用短管代替双头外丝。

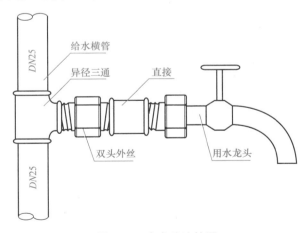

图 2-15　水龙头连接图

（9）丝堵（又称堵头，也称管塞）。丝堵用于堵塞备用管头。有时要与管箍配合一起来使用，如果是堵塞三通的分支管，则不需要配合直接使用。丝堵如图 2-16 所示。

4. 室内给水系统管件用量的统计

管件统计是一个难点，因为在施工图上管道系统用到的管件是看不出来的；系统上用

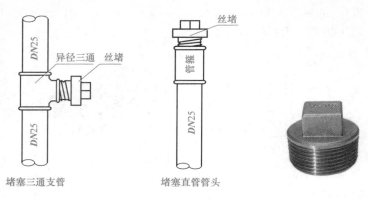

堵塞三通支管　　　　　堵塞直管管头

图 2-16　丝堵

到的管件要根据所学的管道工程基本知识去分析，才能比较准确地统计出系统所需要的管件。另外，需要说明的是，采用镀锌钢管的管道工程，在做施工图预算时，不需要统计系统所用到的管件，一般在预算定额中已经包含管道系统用到的管件。但在施工过程购买材料时，就需要仔细统计系统用到的管件。

(二)无缝钢管与管件

无缝钢管是直接轧制而成的管材，它可分为冷轧无缝钢管和热轧无缝钢管；并且多用于工业管道工程。空调水系统当管径较大时，也多采用无缝钢管。给水排水系统应用较少。

1.无缝钢管管材

(1)无缝钢管管材的分类。无缝钢管的分类方法有以下两种：

1)按无缝钢管的用途分类：

①普通型无缝钢管是一般管道工程较常用的管材，如建筑消防给水系统，一般都是采用普通型无缝钢管，并且采用焊接连接。

②专用型无缝钢管用于一些专门的场合与工程。

2)按无缝钢管的制造工艺分类：

①冷轧无缝钢管：冷轧无缝钢管的规格外径为 5～200 mm；

②热轧无缝钢管：热轧无缝钢管的规格外径为 32～630 mm。

(2)无缝钢管的管径表示方法。无缝钢管的直径表示方法是"D 外径×壁厚"(过去的制图标准无缝钢管的直径表示方法是"ϕ 外径×壁厚")。如 $D89×4$、$D108×4$、$D133×4.5$、$D159×6$、$D219×6$、$D273×7$、$D325×8$ 等。空调工程中常用的无缝钢管的规格(与之对应的焊接钢管的规格)参见表 2-3。

表 2-3　无缝钢管管径与焊接钢管管径对照表

无缝钢管管径	对应焊接钢管管径
$D76×4$	DN70
$D89×4$	DN80
$D108×4$	DN100
$D133×4.5$	DN125
$D159×5$	DN150

无缝钢管管径	对应焊接钢管管径
D219×6	DN200
D273×7	DN250
D325×8	DN300

2. 无缝钢管的管件

由于无缝钢管的连接都是焊接连接，所以，无缝钢管的管件必须是无缝同种材料，无缝钢管的管件只有以下两种：

（1）无缝冲压弯头。无缝冲压弯头是用无缝钢管管材冲压而成的弯头。工程实际中使用的有 45°和 90°冲压弯头两种，如图 2-17 所示。

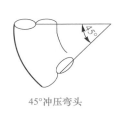  

45°冲压弯头　　　　　　90°冲压弯头

图 2-17　无缝冲压弯头

（2）无缝异径管（大小头）。无缝异径管是连接两根直径不同的无缝钢管的直线焊接连接。工程实际中使用的有同心大小头和偏心大小头两种，如图 2-18 所示。

图 2-18　无缝钢管大小头

需要说明的是，无缝异径管在工程实际中很少购买使用。如果实际工程有两个直径不相同的无缝钢管同心或偏心直线焊接连接，现场施工人员可以在现场用割枪将管径大的一根无缝钢管的管头加工成大小头的形式，然后与管径小的无缝钢管的一个管头焊接在一起即可。弯头也是如此，当管径不太大时，一般也是采用煨弯的方式。具体方法是，首先将无缝钢管的一端用木楔堵住，再往钢管内灌干燥的细砂，灌入的干燥细砂要尽可能密实，细砂灌好以后，钢管的另一端也用木楔堵住，然后用火将钢管需要煨弯的位置加热烧红，最后将烧红的钢管放在煨弯的模具上煨成工程上需要的弯头即可。

三、几种新型给水管材简介

随着科学技术的发展，暖卫管道工程中使用的管材也不断有新的品种推出。下面介绍三种新型管材。

(一)ABS 塑料管(也称 ABS 塑钢管)

ABS 塑料管的特点如下:

(1)使用寿命长(约 50 年);

(2)承压能力强,20 ℃常温下工作压力可达到 1.6 MPa;

(3)质量轻,相同规格的 ABS 塑料管只有钢管质量的 1/7;

(4)具有良好的抗冲击性;

(5)具有良好的稳定的化学性能,无毒无味;

(6)连接安装方便(专用胶水承插粘接连接)。

ABS 塑料管如图 2-19 所示,ABS 管规格常用 De 表示,De 指 ABS 管材的公称外径,其规格分布在 $De15\sim De$ 400。ABS 用作一般的室内给水系统比较合适,而不能用于室内热水供应系统,因为随着水温升高,ABS 管材承受压力的能力将下降很多。

(二)PP-R 管

PP-R 管与 ABS 塑料管具有相同的特点。其在目前室内给水系统中被广泛使用,连接与安装也比较方便,专用工具热熔连接。

1. PP-R 管的种类

工程实际中使用的 PP-R 管有两种,如图 2-20 所示。

图 2-19　ABS 塑料管

图 2-20　PP-R 管

(1)冷水 PP-R 管。管材外表面有一条蓝颜色的线条。

(2)热水 PP-R 管。管材外表面有一条红颜色的线条。由于 PP-R 管的线胀系数较大,所以建筑热水给水系统绝对不能用冷水型 PP-R 管。

PP-R 管规格常用 De 表示,De 指 PP-R 管材的公称外径。但使用 PP-R 管的工程图上往往还是用公称直径来标注,PP-R 管公称外径 De 与公称直径 DN 是有区别的,在施工备料或工程量计算的时候要对应过来。具体的对应关系参见表 2-4。

表 2-4　PP-R 管公称外径 De 与公称直径 DN 对应表　　　　　　　　　mm

公称直径 DN	PP-R 管公称外径 De	公称直径 DN	PP-R 管公称外径 De
15	20	70	75
20	25	80	90
25	32	100	110
32	40	125	140
40	50	150	160
50	63	200	200

2. PP-R 管的管件

PP-R 管的管件种类较多，用法也非常灵活，根据构造主要分为以下两大类：

（1）承插热熔连接 PP-R 管的管件。PP-R 管与各种管件是热熔连接，热熔管件外形如图 2-21 所示。

图 2-21　承插热熔连接 PP-R 管的管件

（2）金属塑料过渡管件。这种管件可以与钢管管道、管件配合使用，外形如图 2-22 所示。同时，工程预算时 PP-R 管的金属塑料过渡管件是要单独计量、单独计价的。

图 2-22　金属塑料过渡管件

（三）多种材料复合管

1. 铝塑复合管

铝塑复合管是金属铝与塑料两种不同的材料复合而成的管材，前几年在建筑给水系统中被广泛使用。但由于金属材料铝与非金属材料塑料的线膨胀系数不同，所以铝塑复合管使用时间过长（尤其是热水系统）会形成铝和塑料脱离的缺陷，如用于热水供水系统，这种情况更加严重。其构造如图 2-23 所示。

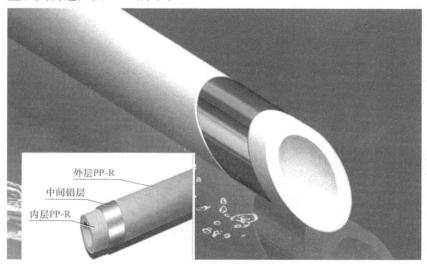

图 2-23　铝塑复合管

从构造上看，管材的内层为塑料，中间层是铝，外层也为塑料，塑料与铝层之间是粘合层。

2. 钢塑复合管

钢塑复合钢管是在钢管内壁，按输送介质的要求由内衬聚乙烯（PE）、耐热聚乙烯（PE-RT）、交联聚乙烯（PE-X）等热塑性塑料管制成，因而同时具有钢管和塑料管材的优越性。它的构造如图2-24所示，外层为镀锌钢管，内层为各种塑料材质。

图 2-24　钢塑复合管

钢塑复合管现在已比较成熟，已广泛应用于石油、化工、建筑、造船、通信、电力和地下输气管道等众多领域，是目前替代传统镀锌管的较佳产品，被誉为绿色环保管材。

四、给水铸铁管及管件

（一）给水铸铁管管材

1. 给水铸铁管的材质

给水铸铁管通常用灰口铸铁或球墨铸铁浇铸而成，并且在出厂前管材的内外表面刷防锈沥青漆。给水铸铁管最大的优点是抗腐蚀性较好，适合埋地敷设，所以多用于室外埋地敷设的给水管道；其缺点是性脆，抗冲击性较差，质量大。

2. 给水铸铁管的分类

给水铸铁管按接口形式可以分为承插式和法兰式两种。

承插式即管道间的连接是采用承插式连接，如图2-25所示。承插式给水铸铁管每根管道的一端是承口，另一端是插口。连接时插口插入承口内，再利用水泥、橡胶圈、青铅等材料进行密封。

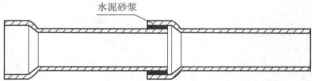

水泥砂浆

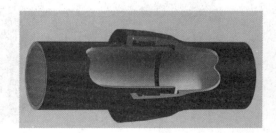

图 2-25　承插式铸铁管

法兰式即管道间的连接是采用法兰连接，如图 2-26 所示。法兰式铸铁管管头带有法兰盘，然后在两个法兰盘之间加上法兰垫片，最后用螺栓将两个法兰盘拉紧使其紧密结合起来，形成一种可拆卸的接头。

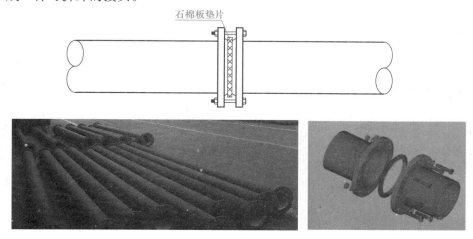

图 2-26　法兰式给水铸铁管

法兰式给水铸铁管端头有连接用的法兰，法兰有可能是与给水铸铁管连成一体，即直接铸造在管的端部；也有可能是焊接在给水铸铁管的端头。

3. 常用铸铁管的工作压力

高压铸铁给水管的工作压力为 1 MPa，中压铸铁给水管的工作压力为 0.75 MPa，低压铸铁给水管的工作压力为 0.45 MPa，工程实际中使用最多的是高压给水铸铁管。

4. 常用承插式给水铸铁管的规格表示

给水铸铁管的规格也是用公称直径（DN）来表示。但其中有几个尺寸要分辨清楚：即 D_1、D_2、D_3、D_4、a、b、c、L，如图 2-27 所示并见表 2-5。表 2-5 中列出了工程中常用的 10 种承插式铸铁给水管的规格。

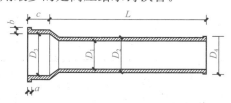

图 2-27　承插铸铁管规格表示

表 2-5　承插式高压给水铸铁常用规格及参数表

DN/mm	D_1/mm	D_2/mm	D_3/mm	D_4/mm	a/mm	b/mm	c/mm	L/m
75	75	93.0	113.0	103.5	36	28	90	3～4
100	100	118.0	138.0	128.0	36	28	95	4
125	125	143.0	163.0	163.0	36	28	95	4
150	150	169.0	189.0	179.0	36	28	100	4～5
200	200	220.0	240.0	230.0	38	30	100	5
250	250	271.0	293.6	281.0	38	32	105	5
300	300	322.8	344.8	332.8	38	33	105	6
350	350	374.0	396.0	384.0	40	34	110	6
400	400	425.6	477.6	435.6	40	36	110	6
450	450	476.8	498.8	486.8	40	37	115	6

(二)给水铸铁管管件

给水铸铁管管件共有十一种。需要说明的是，给水铸铁管管件中的"盘"是指法兰盘，"承"是指承口。例如，三盘三通，三通的三个方向都是用法兰盘连接的，如图 2-28 所示；三承三通，三通的三个方向都是承口（即用承插连接的），如图 2-29 所示；双承三通，三通的两个方向是承口，另一个方向是法兰盘，如图 2-30 所示。

图 2-28　三盘三通　　　　　　图 2-29　三承三通　　　　　　图 2-30　双承三通

五、排水铸铁管及管件

(一)排水铸铁管管材

铸铁排水管在现代一般建筑中较少使用。按照规范规定有抗震要求的高层建筑的排水系统要用柔性承插连接铸铁排水管。在高层建筑中，现在基本都是用 PVC 排水塑料管。

1. 排水铸铁管的分类

排水铸铁管都采用承插连接，但按照密封方式可分为刚性连接和柔性连接两种。

(1)承插刚性连接。承插刚性连接用于一般的建筑排水工程，在过去的建筑排水工程中，铸铁排水管的连接都是采用承插刚性填料连接，所用的填料是石棉水泥砂浆，石棉水泥砂浆中不能加水太多，达到用手捏得拢、撒得开的程度即可。承插刚性连接如图 2-31 所示。

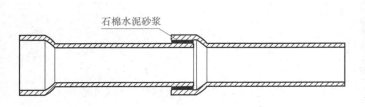

石棉水泥砂浆

图 2-31　承插刚性连接

(2)承插柔性连接。承插柔性连接用于有抗震要求的高层建筑的排水工程，这种连接方法是在直管的承口内壁面上做一凹槽，凹槽内放置橡胶密封圈，然后将直管的插口端涂抹润滑剂插入承口即可，如图 2-32 所示。

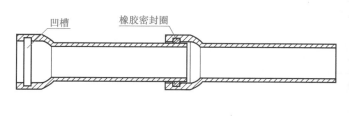

图 2-32　承插柔性连接

两种连接方法相比较，由于第二种连接方法优于第一种连接方法，所以，在有抗震要求的高层建筑中，若排水系统采用铸铁排水管时，必须选用第二种连接方法对管道进行连接。

2. 排水铸铁管的规格

排水铸铁管的规格也是用公称直径（DN）来表示。其中也有几个对应的尺寸要分清楚：D_1、D_2、D_3、δ、c、L 及规格，如图 2-33 所示并见表 2-6。表 2-6 列出工程上常用的六种排水铸铁管规格，排水铸铁管对应的长度较短，这样便于施工安装。

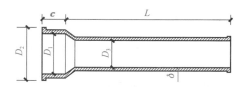

图 2-33　排水承插铸铁管规格标识

表 2-6　常用排水铸铁管规格与对应尺寸表

DN/mm	D_1/mm	D_2/mm	D_3/mm	δ/mm	c/mm	L/m
50	80	92	50	5	60	0.5～1.5
75	105	117	75	5	65	0.9～1.5
100	130	142	100	5	70	0.9～1.5
125	157	171	125	6	75	1.0～1.5
150	182	198	150	6	75	1.5
200	234	250	200	7	80	1.5

(二)排水铸铁管管件

排水铸铁管管件共有十三种（由于现代建筑中使用排水铸铁管已经较少，所以该部分内容从略）。

六、塑料排水管及管件

由于塑料排水管具有质轻，美观耐用、价格合适、安装方便的特点，所以在排水工程中被广泛使用。常用的塑料排水管有 PVC 和 UPVC 两种材质。PVC 就是聚氯乙烯，是由43％的油和57％的盐合成出来的一种塑胶制品；UPVC 又称硬 PVC，是聚氯乙烯单体聚合反应过程中添加一定的添加剂（如稳定剂、润滑剂、填充剂等）组成。

(一)塑料排水管的分类

塑料排水管按接口形式可分为以下三种:

(1)双插口直管,每根直管的两端都是插口,如图 2-34 所示。

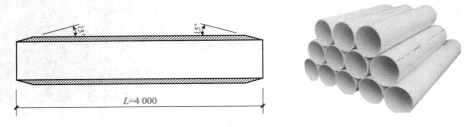

图 2-34　塑料双插口直管

这种管材不同的管径,其壁厚 δ 是不相同的,对应的数据是:$De50$ $\delta=1.8$ mm 或 $\delta=2.0$ mm;$De75$ $\delta=2.0$ mm 或 $\delta=2.3$ mm;$De110$ $\delta=2.7$ mm 或 $\delta=3.2$ mm;$De160$ $\delta=3.8$ mm 或 $\delta=4.0$ mm。

(2)承插直管,每根直管的一端是承口,另一端是插口,如图 2-35 所示。

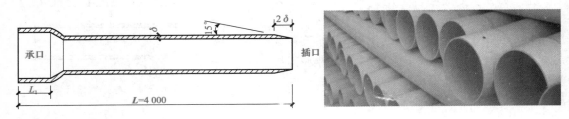

图 2-35　塑料承插直管

这种管材的壁厚与管径的大小有关,对应的数值同双插口直管类型管壁对应原则。承口长度 L_1(插口插入的深度)也与管子的直径有关,对应的数据是:$De50$ $L_1=48$ mm;$De75$ $L_1=55$ mm;$De110$ $L_1=67$ mm;$De160$ $L_1=87$ mm。

(3)带伸缩节的直管,同样每根直管的一端是承口,另一端是插口。只是承口内有凹槽,如图 2-36 所示。

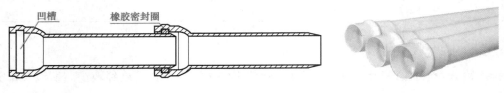

图 2-36　塑料带伸缩节的直管

建筑内部的污水排水系统,如果选用塑料排水管,排水立管上按规范要求要设伸缩节,用以解决管道热胀冷缩产生的危害。具体规定是:当建筑层高≤4 m 时,每层设一个伸缩节;当建筑层高大于 4 m 时,要根据计算确定伸缩节的个数。

带伸缩节的塑料排水直管,是在承口内壁面上设计了一个凹槽,安装时在凹槽内放置橡胶密封圈,然后将另一根直管的插口端插入设有凹槽的承口内即可。

(二)PVC 塑料排水管的连接

PVC 塑料排水管采用承插粘结连接(伸缩节连接除外),具体方法是:首先将插口管的外表面(长约为 50 mm)和承口的内表面用砂纸打毛,再用清洗剂(丙酮水)清洗干净,然后用毛刷涂上专用粘结胶水,最后将插口端插入承口,再用木槌敲几下,使插口端全部插入承口内,几分钟后就会固化连接起来。

(三)PVC 塑料排水管管件

PVC 塑料排水管管件是与 PVC 塑料排水直管配套使用的连接部件,共有十几种。

1. 弯头

弯头是用作改变管道走向的连接件。PVC 塑料排水管弯头又分为 90°弯头和 45°弯头两种,并且两端都是承口形式。它们的外形如图 2-37 所示。

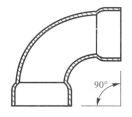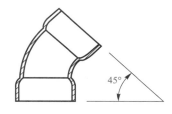

图 2-37　PVC 塑料弯头

2. 三通

三通是用于直管分支处的连接。PVC 塑料排水管的三通又分为 90°顺流三通(有等径和异径两种)、90°正三通(有等径和异径两种)和 45°斜三通(有等径和异径两种)。它们的结构图如图 2-38 所示,外形实物图如图 2-39 所示。

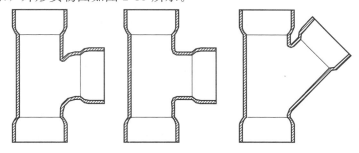

图 2-38　PVC 排水管三通结构图

图 2-39　PVC 塑料排水管三通外形实物图

3. 四通

四通是用于四根管道交汇处的连接。PVC塑料排水管的四通又分为正四通(有等径和异径两种)、直角四通(又称立体四通,也有等径和异径两种)和斜四通(有等径和异径两种)。四通是用于墙角处四根管道交汇处的连接,外形实物图如图2-40所示。

图 2-40　PVC塑料排水管四通外形实物图

4. 存水弯

PVC塑料排水管的存水弯分为P形和S形两种。P形存水弯要与45°弯头联合起来使用,不能单独使用。P形存水弯一般是用于大便器的排水支管上,使其形成水封,使排水系统内的臭气不会通过大便器的排出口进入室内。S形存水弯用于洗涤设备的排水支管上,使其形成水封,排水系统内的臭气就不会通过洗涤设备的排出口进入室内。PVC塑料存水弯外形实物图如图2-41所示。

P形存水弯　　　　　　　　　S形存水弯

图 2-41　PVC塑料排水管存水弯外形实物图

5. 立管检查口

检查口是安装在排水立管上的部件,作用是检查清扫排水立管内的堵塞物。按照规范要求,底层和顶层立管上必须安装立管检查口,中间层的立管可以每隔一层安装一个立管检查口。PVC塑料检查口结构及外形实物图如图2-42所示。

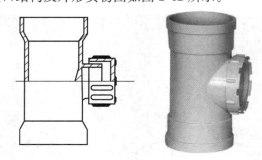

图 2-42　塑料排水管立管检查口结构及外形实物图

6. 异径管

异径管又称大小头，用于两根直径不同的直管的直线连接。工程上使用的异径管有同心异径管和偏心异径管两种，其结构及外形实物图如图 2-43 所示。

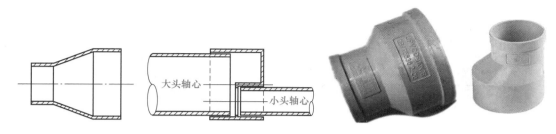

图 2-43　塑料排水管异径管结构及外形实物图

7. 管箍

管箍也称直接、套袖，用于两根直径相同的直管的直线连接，其结构及外形实物图如图 2-44 所示。

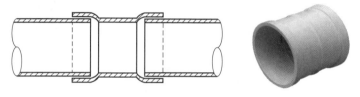

图 2-44　塑料排水管管箍结构及外形实物图

第四节　管道工程常用安装方法

一、管道工程常用连接方法

暖卫管道工程中的管道常用的连接方法有以下六种。

（一）法兰连接

法兰连接就是将两个管道、管件或器材，先各自固定在一个法兰盘上，两个法兰盘之间加上法兰垫，用螺栓紧固在一起，即完成了连接。有的管件和器材已经自带法兰盘，也属于法兰连接。

根据压力的不同等级，法兰垫也有不同材料，从低压石棉垫、高压石棉垫到金属垫都有。法兰连接使用方便，能够承受较大的压力。

在工业管道中，法兰连接的使用十分广泛。在家庭内，给水排水管道管道直径小且是低压，法兰连接不常见，但是管径较大的消防管道法兰连接还是常见的。如在一个锅炉房或者生产现场，多为法兰连接的管道和器材。

1. 钢管法兰螺栓连接

钢管法兰螺栓连接多用于管径较大且经常需要拆卸维修的管道工程，或用于管道与设备的连接。例如，空调的水管与空调器、冷水机组、水泵以及自带法兰的大型阀门的连接等，都是采用法兰螺栓连接。另外，对于不自带法兰的大型碟阀与管道是采用封夹式法兰螺栓连接，钢管与阀门连接如图 2-45 所示。

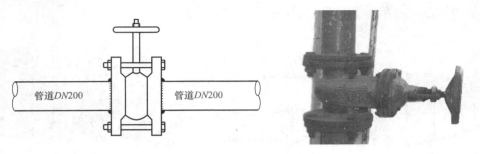

图 2-45　钢管通过法兰与阀门连接

2. 风管法兰螺栓连接

通风空调工程的风管，一般都是采用法兰螺栓连接。每段风管通过螺栓的拧紧而连接在一起，螺栓的多少根据风管的大小尺寸及密封要求而定，风管法兰螺栓连接如图 2-46 所示。

(二)螺纹连接(也称丝扣连接)

螺纹连接是镀锌钢管、焊接钢管常用的连接方式。螺纹连接的管道，内螺纹与外螺纹配合才能相连接，内螺纹与内螺纹、外螺纹与外螺纹是不能相连接的。螺纹连接方式如图 2-47 所示。

图 2-46　风管法兰螺栓连接

图 2-47　螺纹连接

(三)承插连接

管道的承插连接多用于铸铁管和 PVC 管，管道的承插连接方式又分为以下三种。

1. 填料承插连接

填料承插连接是用于铸铁排水管和铸铁给水管的连接。

2. 粘结承插连接

粘结承插连接是用于排水塑料管和 ABS 塑料管的施工安装连接。

3. 柔性承插连接

柔性承插连接是用于排水铸铁管，并有抗震要求的高层建筑的排水系统，此外也用于排水塑料管伸缩节的连接。

施工的具体方法在前面也都已经介绍过，此处不再重复。

(四)焊接连接

焊接连接按焊接种类又分以下四种。

1. 电弧焊连接

电弧焊连接有时也称电焊，是用于非镀锌钢管和无缝钢管的连接，是通过高电流使焊材在被焊基材上融化成液态形成熔池，使被焊金属和焊材达到冶金结合的一种焊接技术，如图 2-48 所示。这种连接方法虽然施工快，但对焊接工人的技术要求较高，并且要有焊接上岗工作证。对于高压管道的焊接工，还有技术等级的要求。电弧焊接的工具是电焊机和焊枪。

图 2-48　电焊连接

2. 氩弧焊连接

氩弧焊又称氩气体保护焊，是使用氩气作为保护气体的一种焊接技术。就是在电弧焊的周围通上氩气保护气体，将空气隔离在焊区之外，防止焊区的氧化。氩弧焊用于要求较高的管道的焊接连接，氩弧焊的焊缝平整、光滑，焊接过程中不易形成气泡、砂眼。氩弧焊与电弧焊不同的是后者在焊接过程中不需要氩气。

3. 气焊连接

气焊连接是用于管壁较薄的钢管的连接。气焊连接是用乙炔气体和氧气燃烧熔化金属焊条将管道连接在一起，专用工具是气焊枪，如图 2-49 所示。

图 2-49　气焊连接

4. 热空气焊接

热空气焊接用于塑料板或塑料管的连接，现在实际工程中使用较少。

(五)热熔连接

热熔连接广泛应用于 PP-R 管、PB 管、PE-RT 管、金属复合管、曲弹矢量铝合金衬塑复合管道系统等新型管材与管件连接，经过加热升温至（液态）熔点后的一种连接方式。它是将与管轴线垂直的两管子对应端面与加热板接触，使之加热熔化。撤去加热板后，迅速将熔化端压紧并保压至接头冷却，从而连接管子，如图 2-50 所示。这种连接方式必须使用对接焊机。其连接步骤为：装夹管子→铣削连接面→加热端面→撤加热板→对接→保压、冷却。

图 2-50　热熔连接

(六)沟槽管卡连接

沟槽管卡连接一般用于管径相对较大的消防给水管道；具体的连接方法是事先在需要连接的管道端部加工沟槽，然后用专用管卡（相当于建筑施工搭建的架子所用的连接扣件）将管道连接起来，如图 2-51 所示。

图 2-51　沟槽管卡连接

二、管道工程常用法兰、螺栓及垫片

管道法兰按与管子的连接方式，可分为平焊法兰、对焊法兰、螺纹法兰、承插焊法兰、松套法兰五种基本类型。低压小直径可以用螺纹法兰，高压和低压大直径管道通常使用焊接法兰，不同压力的法兰盘的厚度、连接螺栓直径和数量是不同的。

(一)常用法兰

1. 平焊法兰

平焊法兰一般简称为平板，也称搭焊法兰。平焊法兰与管道的连接是先将管子插入法兰内孔至适当位置，然后再搭焊。焊接方式如图 2-52 所示。

平焊法兰适用于压力等级比较低，压力波动、振动及震荡均不严重的管道系统中。平焊法兰的优点在于平焊法兰焊接装配时较易对中，并且价格比较便宜，因而，在给水排水系统中得到了广泛的应用。

2. 螺纹法兰

螺纹法兰是将法兰的内孔加工成管螺纹，并和带螺纹的管子配套实现连接，是一种非焊接法兰。与平焊法兰或对焊法兰相比，螺纹法兰具有安装、维修方便的特点，可在一些现场不允许焊接的管线上使用。合金钢法兰有足够的强度，但不易焊接或焊接性能不好，也可选择螺纹法兰。但在管道温度变化急剧或温度高于 260 ℃、低于－45 ℃的条件下，建议不使用螺纹法兰，以免发生泄漏。螺纹法兰如图 2-53 所示。

图 2-52　平焊法兰

图 2-53　螺纹法兰

钢管如果采用法兰螺栓连接，通常在管道工程施工图上是不能直接看出法兰所在的位置。管道、阀门、水泵等通过法兰连接的情况如图 2-54 所示。

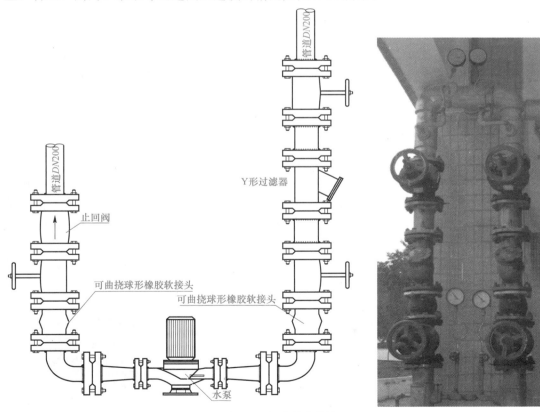

图 2-54　法兰连接图

(二)常用螺栓、螺帽和密封垫片

1. 常用螺栓和螺帽

螺栓和螺帽是管道工程法兰连接时所用的紧固件，工程中常用的螺栓和螺帽有以下两种：

(1)粗制六角螺栓和螺帽。粗制六角螺栓一端螺杆带有部分螺纹，与之匹配的螺帽是普通粗制六角螺帽。一般用于管道内介质的工作压力≤1.6 MPa，工作温度不超过250 ℃的给水、供热、压缩空气管道的法兰连接。粗制六角螺栓和螺帽如图2-55所示。

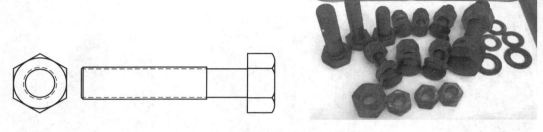

图 2-55　粗制六角头螺栓和螺帽

(2)双头精制螺栓。双头精制螺栓两端都带螺纹，与之匹配的螺帽是精制六角螺帽。可用于工作压力和温度较高的场合。双头精制螺栓如图2-56所示。如果管道法兰采用双头精制螺栓，螺栓的两端都要用精制六角螺帽紧固。

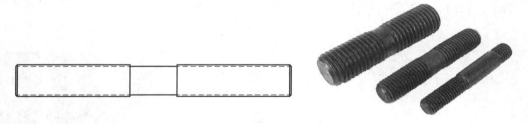

图 2-56　双头精制螺栓

2. 常用密封垫片

垫片是法兰间的密封件。密封垫片是以金属或非金属板状材质，经切割、冲压或裁剪等工艺制成，用于管道之间的密封连接，机器设备的机件与机件之间的密封连接。按材质不同，可分为金属密封垫片和非金属密封垫片。金属的密封垫片有铜垫片、不锈钢垫片、铁垫片、铝垫片等。非金属的密封垫片有石棉垫片、非石棉垫片、纸垫片、橡胶垫片等。

工程上常用钢管法兰垫片选用的材质与流体的性质和温度、压力有关。钢管密封垫片可以在施工现场加工，加工的密封垫片的式样如图2-57所示。

图 2-57　密封垫片

钢管常用的法兰垫片材质及适用流体、温度和压力参见表2-7。

表 2-7　钢管法兰垫片常用材质表

材料名称	最高工作压力/MPa	最高工作温度/℃	适用工作介质
普通橡胶板	0.6	60	水和空气
耐热橡胶板	0.6	120	热水和蒸汽
耐油橡胶板	0.6	60	常用油料
耐酸碱橡胶板	0.6	60	浓度≤20％酸碱溶液
低石棉橡胶板	1.6	200	蒸汽、水和燃气
中石棉橡胶板	4.0	350	蒸汽、水和燃气
高石棉橡胶板	10.0	450	蒸汽和空气
耐油石棉橡胶板	4.0	350	常用油料
软聚氯乙烯板	0.6	50	水和酸碱稀溶液
聚四氯乙烯板	0.6	50	水和酸碱稀溶液
石棉绳（板）		600	烟气
耐酸石棉板	0.6	300	酸、碱、盐溶液
铜、铝金属薄板	20.0	600	高温高压蒸汽

第五节　金属板材和型钢

一、金属板材

金属板材主要用于空调通风工程的风管和给排水工程的水箱，在一般的通风工程中常用的金属板材有以下几种：

(一)钢板

1.钢板的种类

(1)按钢板的制造方法，可分为热轧钢板和冷轧钢板。

(2)按钢板的厚度，可分为厚钢板、薄钢板(用于通风空调工程)。

通风空调工程中使用的薄钢板又可以分成镀锌薄钢板(俗称白铁皮)、非镀锌薄钢板(俗称黑铁皮)，如图2-58所示。

图 2-58　厚钢板

2. 钢板的规格

工程上使用的钢板多为热轧钢板，在此我们只介绍热轧钢板的规格。表 2-8 是常用热轧钢板的规格。

表 2-8　热轧钢板规格表

钢板厚度 /mm	钢 板 宽 度/mm											
	600	650	700	710	750	800	850	900	950	1 000	1 100	1 250
	钢 板 最 大 长 度/m											
0.35～0.65	1.2	1.4	1.42	1.42	1.5	1.5	1.7	1.8	1.9	2.0		
0.65～0.90	2.0	2.0	1.42	1.42	1.5	1.5	1.7	1.8	1.9	2.0		
1.0	2.0	2.0	1.42	1.42	1.5	1.6	1.7	1.8	1.9	2.0		
1.20～1.40	2.0	2.0	2.0	2.0	2.0	2.0	2.0	2.0	2.0	2.0	2.0	3.0
1.50～1.80	2.0	2.0	2.0	2.0	6.0	6.0	6.0	6.0	6.0	6.0	6.0	6.0
2.00～3.90	2.0	2.0	6.0	6.0	6.0	6.0	6.0	6.0	6.0	6.0	6.0	6.0
4.00～10.00	—	—	6.0	6.0	6.0	6.0	6.0	6.0	6.0	6.0	6.0	6.0
11.00～12.00	—	—	—	—	—	—	—	—	—	6.0	6.0	6.0
13.00～25.00	—	—	—	—	—	—	—	—	—	6.5	6.5	12.0
26.00～40.00	—	—	—	—	—	—	—	—	—	—	—	12.0

(二)铝板

铝板多用于净化空调工程。由于将来我们遇到净化空调工程的机会可能性较小，在此不作详细介绍。

(三)不锈钢板

不锈钢板是用于医药企业的净化空调工程，一般的通风空调工程都不会使用。在此也不作详细介绍。

二、角钢

角钢可分为等边角钢和不等边角钢，但在工程实际中等边角钢用得较多。常用等边角钢的边宽为 20～200 mm，共有 20 种宽度等级；等边角钢的厚度为 3～24 mm，共有 13 种厚度等级。

角钢用符号"∟"表示，以"边宽×边宽×边厚度"表示其规格，如图 2-59 所示。如：∟50×50×6，表明该等边角钢的边宽是 50 mm，边厚是 6 mm。热轧等边角钢的规格参见表 2-9。

图 2-59　角钢规格标识

表 2-9　热轧等边角钢规格表

边宽 /mm	边厚 /mm	理论质量 /(kg·m⁻¹)	边宽 /mm	边厚 /mm	理论质量 /(kg·m⁻¹)	边宽 /mm	边厚 /mm	理论质量 /(kg·m⁻¹)
20	3	0.889	50	4	3.059	75	5	5.818
20	4	1.145	50	5	3.770	75	6	6.905
25	3	1.124	50	6	4.465	75	7	7.976
25	4	1.459	56	3	2.624	75	8	9.030
30	3	1.373	56	4	3.446	75	10	11.089
30	4	1.786	56	5	4.251	80	5	6.211
36	3	1.656	56	8	6.568	80	6	7.376
36	4	2.163	63	4	3.907	80	7	8.525
36	5	2.654	63	5	4.822	80	8	9.658
40	3	1.852	63	6	5.721	80	10	11.874
40	4	2.422	63	8	7.469	90	6	8.350
40	5	2.976	63	10	9.151	90	7	9.656
45	3	2.088	70	4	4.372	90	8	10.946
45	4	2.736	70	5	5.397	90	10	13.476
45	5	3.369	70	6	6.406	90	12	15.940
45	6	3.985	70	7	7.398	100	6	9.366
50	3	2.332	70	8	8.373	100	7	10.830

三、槽钢

　　槽钢通常用作加工大型设备或容器、大口径管道的支座或支架。槽钢分为普通槽钢和轻型槽钢两种，工程中常用的是普通槽钢，如图 2-60 所示。槽钢用符号"["表示，规格表示：腰高×腿宽×腰厚。如：[180×68×7 表示腰高为 180 毫米，腿宽为 68 毫米，腰厚为 7 毫米的槽钢，各数字的单位为 mm。或者槽钢的规格仅以腰高表示，如：[18 表示腰高为 18 厘米的槽钢，或称 18 号槽钢，数字的单位为 cm。热轧槽钢的规格参见表 2-10。

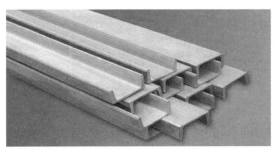
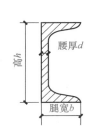

图 2-60　普通槽钢

表 2-10　热轧槽钢的规格表

型号	h	b	d	理论质量 /(kg·m⁻¹)	型号	h	b	d	理论质量 /(kg·m⁻¹)
	mm					mm			
5	50	37	4.5	5.438	25b	250	80	9.0	31.335
6.3	63	40	4.8	6.634	25c	250	82	11.0	35.260
6.5	65	40	4.8	6.709	27a	270	82	7.5	30.838
8	80	43	5.0	8.045	27b	270	84	9.5	35.077
10	100	48	5.3	10.007	27c	270	86	11.5	39.316
12	120	53	5.5	12.059	28a	280	82	7.5	31.427
12.6	126	53	5.5	12.318	28b	280	84	9.5	35.823
14a	140	58	6.0	14.535	28c	280	86	11.5	40.219
14b	140	60	8.0	16.733	30a	300	85	7.5	34.463
16a	160	63	6.5	17.240	30b	300	87	9.5	39.174
16	160	65	8.5	19.752	30c	300	89	11.5	43.883
18a	180	68	7.0	20.174	32a	320	88	8.0	38.083
18	180	70	9.0	23.000	32b	320	90	10.0	43.107
20a	200	73	7.0	22.637	32c	320	92	12.0	48.131
20	200	75	9.0	25.777	36a	360	96	9.0	47.814
22a	220	77	7.0	24.999	36b	360	98	11.0	53.466
22	220	79	9.0	28.453	36c	360	100	13.0	59.188
24a	240	78	7.0	26.860	40a	400	100	10.5	58.928
24b	240	80	9.0	30.628	40b	400	102	12.5	65.204
24c	240	82	11.0	34.396	40c	400	104	14.5	71.488
25 a	250	78	7.0	27.410					

四、圆钢

在暖卫管道工程中，圆钢主要用于管道吊架的吊杆和固定管道的管卡，并且直径都较小，如图 2-61 所示。圆钢的规格用"φ 直径"表示，如"φ20"，就是直径为 20 mm 的圆钢。暖卫管道工程中常用的圆钢规格参见表 2-11。

图 2-61　圆钢

表 2-11　热轧圆钢规格表

直径/mm	理论质量/(kg·m⁻¹)	直径/mm	理论质量/(kg·m⁻¹)	直径/mm	理论质量/(kg·m⁻¹)	直径/mm	理论质量/(kg·m⁻¹)	直径/mm	理论质量/(kg·m⁻¹)
5.5	0.186	10	0.617	16	1.580	22	2.980	28	4.830
6.0	0.222	11	0.746	17	1.780	23	3.260	29	5.180
6.5	0.260	12	0.888	18	2.000	24	3.550	30	5.550
7.0	0.302	13	1.040	19	2.230	25	3.850	31	5.920
8.0	0.395	14	1.210	20	2.470	26	4.170	32	6.310
9.0	0.499	15	1.390	21	2.720	27	4.490	33	6.710

五、扁钢

在暖卫管道工程中，扁钢主要用于加工风管法兰和固定管道容器的抱箍，并且厚度也都不是太厚。扁钢用"—"表示，规格是在上面的符号后加扁钢的"宽×厚"，即"—宽×厚"。例如"—30×3"，表明该扁钢的宽是 30 mm，厚度是 3 mm。扁钢的外形如图 2-62 所示。常用的扁钢规格参见表 2-12。

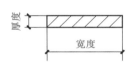

图 2-62　扁钢

表 2-12　热轧扁钢规格表

厚度/mm	宽度/mm																
	10	12	14	16	18	20	22	25	28	30	32	35	40	45	50	55	60	65
	理论质量/(kg·m⁻¹)																
3	0.24	0.28	0.33	0.38	0.42	0.47	0.52	0.59	0.66	0.71	0.75	0.82	0.94	1.06	1.18			
4	0.31	0.38	0.44	0.50	0.57	0.63	0.69	0.78	0.88	0.94	1.00	1.10	1.26	1.41	1.57	1.73	1.88	2.04
5	0.39	0.47	0.55	0.63	0.71	0.78	0.86	0.98	1.10	1.18	1.26	1.37	1.57	1.77	1.96	2.16	2.36	2.55
6	0.47	0.57	0.66	0.75	0.85	0.94	1.04	1.18	1.32	1.41	1.51	1.65	1.88	2.12	2.36	2.59	2.83	3.06
7	0.55	0.66	0.77	0.88	0.99	1.10	1.21	1.37	1.54	1.65	1.76	1.92	2.20	2.47	2.75	3.02	3.30	3.57
8	0.63	0.75	0.88	1.00	1.23	1.26	1.38	1.57	1.76	1.88	2.01	2.20	2.51	2.83	3.14	3.45	3.77	4.08
9			1.15	1.27	1.41	1.55	1.77	1.98	2.12	2.26	2.47	2.83	3.18	3.53	3.89	4.24	4.59
10			1.26	1.41	1.57	1.73	1.96	2.20	2.36	2.55	2.75	3.14	3.53	3.93	4.32	4.71	5.10

厚度/mm	宽度/mm																	
	10	12	14	16	18	20	22	25	28	30	32	35	40	45	50	55	60	65
	理论质量/(kg·m⁻¹)																	
11						1.73	1.90	2.16	2.42	2.59	2.76	3.02	3.45	3.89	4.32	4.75	5.18	5.61
12						1.88	2.07	2.36	2.64	2.83	3.01	3.30	3.77	4.24	4.71	5.18	5.65	6.12
14								2.75	3.08	3.30	3.52	3.85	4.40	4.95	5.50	6.04	6.59	7.14
16								3.14	3.53	3.77	4.02	4.40	5.02	5.65	6.28	6.91	7.54	8.16
18										4.24	4.52	4.95	5.65	6.36	7.06	7.77	8.48	9.18
20										4.71	5.02	5.50	6.28	7.07	7.85	8.64	9.42	10.20
22												6.04	6.91	7.77	8.64	9.50	10.36	11.23
25												6.87	7.85	8.83	9.81	10.79	11.78	12.76

　　水平管道支、吊架所用型钢的规格在《通风与空调工程施工规范》(GB 50738—2011)中也有规定,具体参见表2-13。

表2-13　水平管道支吊架的型钢最小规格表

公称直径	横担角钢	横担槽钢	加固角钢或槽钢(斜支撑型)	膨胀螺栓	吊杆直径	吊环或抱箍
25	∟20×3	—	—	M8	φ6	—30×2 或 φ10
32	∟20×3	—	—	M8	φ6	—30×2 或 φ10
40	∟20×3	—	—	M10	φ8	—30×2 或 φ10
50	∟25×4	—	—	M10	φ8	—40×3 或 φ12
65	∟36×4	—	—	M14	φ8	—40×3 或 φ12
80	∟36×4	—	—	M14	φ10	—40×3 或 φ12
100	∟45×4	[50×37×4.5	—	M16	φ10	—50×3 或 φ16
125	∟50×5	[50×37×4.5	—	M16	φ12	—50×3 或 φ16
150	∟63×5	[63×40×4.8	—	M18	φ12	—50×4 或 φ18
200	—	[68×40×4.8	※∟45×4 或 [63×40×4.8	M18	φ16	—50×4 或 φ18
250	—	[100×48×5.3	※∟45×4 或 [63×40×4.8	M20	φ18	—60×5 或 φ20
300	—	[126×53×5.5	※∟45×4 或 [63×40×4.8	M20	φ22	—60×5 或 φ20

注:表中"※"表示两个角钢加固件。

1. 管子、管件的公称直径在现行制图标准中是用什么符号表示？管子、管件的公称直径的单位是什么？

2. 什么是管子、管件的公称压力？用什么符号来表示？

3. 什么是管子、管件的实验压力？用什么符号来表示？

4. 什么是管子、管件的工作压力？用什么符号来表示？与管道系统的工作压力有什么不同？

5. 管子、管件三个压力的大小关系是什么？

6. 碳钢制造的管子、管件的最大允许工作压力 Pt_{max} 和公称压力 PN 与对应的温度等级有什么关系？

7. 工作介质温度 t 升高，管子、管件的最大允许工作压力 Pt_{max} 向什么方向变化？

8. 按管道工程的基本特性和服务对象分类，可以将管道工程分成哪两大类型？

9. 按输送的介质的工作压力分类，可以将工业管道工程分成哪几种压力级别？每一种压力级别的工业管道工程的工作压力范围是多少？暖卫管道工程的压力级别属于哪一种？工作压力范围又是多少？

10. 按管道工程输送的工作介质的温度分类，可以将管道工程分成哪四种类型？每一种类型的管道工程工作介质的温度在什么范围内？

11. 常温管道工程为什么把输送的介质温度定在"—40 ℃～120 ℃"？

12. 按输送的介质的性质分类，可以将管道工程分成哪几种类型？

13. 镀锌焊接钢管的管件有哪九种？它们的作用分别是什么？

14. 排水铸铁管的承插连接有哪两种？分别用于什么场合？

15. 塑料排水直管有哪三种？

16. 建筑排水工程若采用塑料排水管，设置在排水立管上的伸缩节作用是什么？排水立管上的伸缩节按规范要求是如何设置的？

17. 塑料排水管承插粘结的具体操作方法是什么？

18. 塑料排水管管件有哪几种？它们的作用分别是什么？

19. 设置在室内排水系统顶端的透气帽的作用有哪些？

20. 管道的承插连接分为哪三种？分别用于什么管道的连接？

21. 焊接连接分成哪三种？分别用于什么管道的连接？

22. 常用的钢管法兰有哪两种形式？

第三章
给水排水管道附件

知识目标

1. 掌握各阀门的类型及各自的构造特点；
2. 掌握阀门的命名规则；
3. 掌握排水附件的识读，了解其用途。

能力目标

1. 能通过图例识别阀门类型；
2. 能根据各种阀门的构造特点及常用场所进行选用；
3. 能通过阀门符号判断出阀门类型；
4. 能通过图例识别安装的排水管道附件类型及用途。

素质目标

1. 遵守相关规范、标准和管理规定；
2. 具有严谨的工作作风、较强的责任心和科学的工作态度；
3. 具备良好的语言文字表达能力和沟通协调能力；
4. 爱岗敬业，严谨务实，团结协作，具有良好的职业操守。

前面的章节介绍了给水排水图纸构成及读图方法，阅读主要图纸之前，应当先看说明和设备材料表，然后以系统图为线索深入阅读平面图、大样图及详图。阅读时，应将三种图相互对照来看。下面给出一个工程实例，帮助大家了解给水排水管道工程的构造、给水排水附件的安装部位与作用。图 3-1 所示为某建筑 1～6 层给水排水平面图；图 3-2 所示为该工程对应的给水排水系统图。

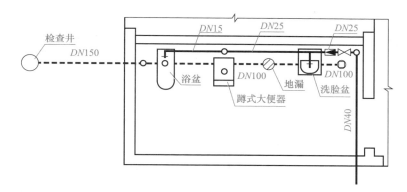

图 3-1　1～6 层给水排水平面图

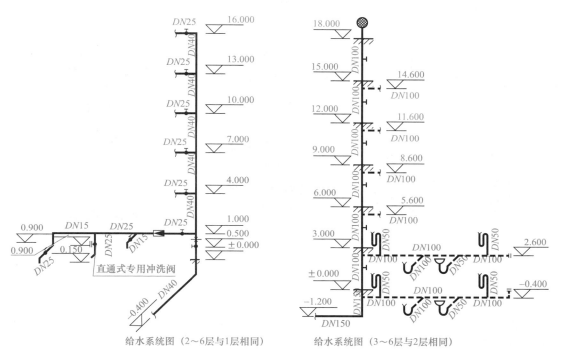

给水系统图（2～6层与1层相同）　　　给水系统图（3～6层与2层相同）

图 3-2　给水排水系统图

第一节　阀门种类构造及用途

　　阀门装在给水排水工程、空调工程的管道上，其作用是调节管道系统的水量水压、控制水流方向以及关断水流以便于管道仪表和设备检修等。由于阀门及附件的种类很多，因此所用的图例也较多。这里我们只介绍几种在给水排水管道中最常用阀门的图例、构造、特征和适用场所。

一、截止阀

　　截止阀也称为截门阀，是使用最广泛的一种阀门之一，它之所以广受欢迎，是由于开闭过程中密封面之间摩擦力小，比较耐用，开启高度不大，制造容易，维修方便，不仅适用于中低压，而且适用于高压。截止阀的闭合原理是依靠阀杆压力，使阀瓣密封面与阀座密封面紧密贴合，阻止介质流通。由于截止阀的长度较长，安装需要的空间位置大，且其流体阻力较大，有减压作用，截止阀常用于管径小于或等于 50 mm 和需要经常启闭的管路上。因截止阀要求流体一律采用自下而上方式，所以安装时有方向性。安装时应注意介质方向与阀体外壳箭头方向一致，即低进高出，不能装反。截止阀图例如图 3-3 所示，截止阀结构与外观如图 3-4 所示。截止阀按连接方式可分为法兰连接、丝扣连接、焊接连接三种。

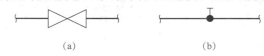

(a)　　　　　　　　　　　　　(b)

图 3-3　截止阀图例

(a)平面图；(b)系统图

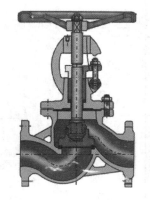

图 3-4　截止阀结构与外观

二、闸阀

闸阀的启闭件是闸板，闸板的运动方向与流体方向相垂直，闸阀只能作全开和全关，不能作调节和节流。

闸板有两个密封面，最常用的楔式闸板阀的两个密封面形成楔形，楔形角随阀门参数而异，通常为 5°，介质温度不高时为 2°52′。楔式闸阀的闸板可以做成一个整体，叫作刚性闸板；其也可以做成能产生微量变形的闸板，以改善其工艺性，弥补密封面角度在加工过程中产生的偏差，这种闸板叫作弹性闸板。当闸阀关闭时，密封面可以只依靠介质压力来密封，即依靠介质压力将闸板的密封面压向另一侧的阀座来保证密封面的密封，这就是自密封。大部分闸阀是采用强制密封的，即阀门关闭时，要依靠外力强行将闸板压向阀座，以保证密封面的密封性。

闸阀的闸板随阀杆一起作直线运动的，称为升降杆闸阀，也称为明杆闸阀。通常在升降杆上有梯形螺纹，通过阀门顶端的螺母以及阀体上的导槽，将旋转运动变为直线运动，也就是将操作转矩变为操作推力。闸阀属全开或全闭型阀门，用于开闭水流，不宜用于频繁开启或调节流量用。开启阀门时，当闸板提升高度等于阀门通径时，流体的通道完全畅通，但在运行时，此位置是无法监视的。实际使用时，是以阀杆的顶点作为标志，即开不动的位置，作为它的全开位置。有的闸阀，阀杆螺母设在闸板上，手轮转动带动阀杆转动，而使闸板提升，这种阀门叫作旋转杆闸阀，或叫作暗杆闸阀。闸阀的长度较短（与相同规格的截止阀比较），安装需要的空间位置较小。其特点是阻力小，安装无方向性要求。闸阀常用于双向流动和管径大于 50 mm 的管道上，室外安装时应设阀门井。闸阀图例如图 3-5 所示，闸阀结构与外观如图 3-6 所示。

图 3-5　闸阀图例

图 3-6　闸阀结构与外观

三、蝶阀

蝶阀是指关闭件（阀瓣或蝶板）为圆盘，围绕阀轴旋转来达到开启与关闭的一种阀，在管道上主要起切断和节流作用。蝶阀启闭件是一个圆盘形的蝶板，在阀体内绕其自身的轴线旋转，从而达到启闭或调节的目的。蝶阀全开到全关通常是小于 90°，蝶阀和蝶杆本身没有自锁能力，为了蝶板的定位，要在阀杆上加装蜗轮减速器。采用蜗轮减速器，不仅可以使蝶板具有自锁能力，使蝶板停止在任意位置上，还能改善阀门的操作性能。蝶阀的特点是结构简单，阀门公称通径大，开启方便，外形较闸阀小，适合在中、低压管道上安装。蝶阀图例如图 3-7 所示，蝶阀结构与外观如图 3-8 所示。

图 3-7　蝶阀图例

图 3-8　蝶阀结构与外观

四、球阀

球阀又称为转心门，它只需要用旋转90°的操作和很小的转动力矩就能关闭严密。在管路中球阀主要用来做切断、分配和改变介质的流动方向。球阀的长度短，由于阀内的球体在阀体内转动开关时的摩擦产生的阻力大，所以只能做成直径较小的球阀，否则球阀的开关就会比较困难。球阀图例如图3-9所示，球阀结构与外观如图3-10所示。

图 3-9　球阀图例

图 3-10　球阀结构与外观

五、止回阀

止回阀是指依靠介质本身流动而自动开、闭阀瓣，用来防止介质倒流的阀门，又称为逆止阀、单向阀、逆流阀和背压阀。止回阀属于一种自动阀门，其主要作用是防止介质倒流，防止泵及驱动电动机反转，以及容器介质的泄放。

止回阀按结构划分，主要可分为升降式止回阀[图3-9(b)]与旋启式止回阀[图3-9 (c)]。升降式止回阀沿轴线上下移动，旋启式止回阀依转轴旋转。安装时水流方向与阀体外壳箭头方向一致。升降式用于小口径水平管上，旋启式用于大口径水平或垂直管上。止回阀图例及内部构造如图3-11所示，止回阀实物外观如图3-12所示。

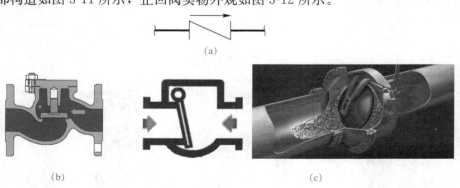

(a)

(b)　　　　　　　　　　　　　　　　(c)

图 3-11　止回阀图例及内部构造
(a)止回阀图例；(b)升降式止回阀；(c)旋启式止回阀

图 3-12　止回阀实物外观

止回阀常用的安装部位：引入管上；高位水箱进出水管合为一条时，在水箱出水管上设置；水泵出水管上，常设置阻尼缓闭式或速闭消声式止回阀；密闭式水加热器或用水设备的进水管上，以防止水加热膨胀产生的倒流，同时应设过压泄水装置。

在大流量和大管径的管道上使用的止回阀一般是静音（或称消声）止回阀，静音止回阀在工程施工图上的图例如图 3-13 所示，静音止回阀结构与外观如图 3-14 所示。

图 3-13　静音止回阀图例

图 3-14　静音止回阀结构与外观

六、减压阀

减压阀是通过调节，将进口压力减至某一需要的出口压力，并依靠介质本身的能量，使出口压力自动保持稳定的阀门。从流体力学的观点看，减压阀是一个局部阻力可以变化的节流元件，即通过改变节流面积，使流速及流体的动能改变，造成不同的压力损失，从而达到减压的目的。然后依靠控制与调节系统的调节，使阀后压力的波动与弹簧力相平衡，使阀后压力在一定的误差范围内保持恒定。减压阀安装在需要减小流体压力的管道上。在工程施工图上，减压阀的图例如图 3-15 所示，减压阀的内部构造及实物外观如图 3-16 所示。

注意减压阀的高压与低压端的区别。图 3-15 中图例的左侧是高压端，右侧是低压端。减压阀是双向导通的，常态下是常开的，开口随着高压的升高减小，以稳定输出端低压的压力。反向可以导通但不会减压，而且有一定的液阻。

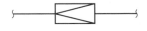

图 3-15　减压阀图例

图 3-16　减压阀的内部构造及实物外观

七、安全阀

安全阀的启闭件受外力作用处于常闭状态，当设备或管道内的介质压力升高超过规定值时，通过向系统外排放介质来防止管道或设备内介质压力超过规定数值。安全阀属于自动阀类，主要用于锅炉、压力容器和管道上，控制压力不超过规定值，对人身安全和设备运行起重要保护作用。安全阀必须经过压力试验才能使用。

常用的安全阀有弹簧式安全阀和平衡锤安全阀两种。安全阀图例如图 3-17 所示，安全阀的内部构造及实物外观如图 3-18 所示。

（a）　　　　　　　　　　　（b）

图 3-17　安全阀图例

（a）弹簧式安全阀；（b）平衡锤安全阀

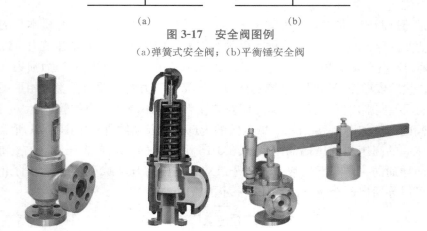

图 3-18　安全阀的内部构造及实物外观

八、浮球阀

浮球阀是利用杠杆原理进行工作的，即是利用水箱水位升高或降低，球在水中的浮力控制阀门开启或关闭。阀门由曲臂和浮球等部件组成，可用来自动控制水塔或水池的液面。其具有保养简单，灵活耐用，液位控制准确度高，水位不受水压干扰且开闭紧密、不漏水等特点。其一般安装在水箱、水池的进水管上，用作控制水箱或水池的水位。浮球阀图例如图 3-19 所示，实物外观如图 3-20 所示。

图 3-19　浮球阀图例　　　　　　　　图 3-20　浮球阀实物外观

九、自动排气阀

暖通系统及暖通空调系统在运行过程中，水在加热时释放的气体如氢气、氧气等带来的众多不良影响会损坏系统及降低热效应，这些气体如不能及时排掉，会产生很多不良后果。自动排气阀安装在需要排气的管道系统的最高位置或管道上翻弯的最高位置，作用是排除管道系统内的不凝性气体(空气)，以免形成气塞。自动排气阀图例及外观如图 3-21 所示。

十、可曲挠橡胶软接头

可曲挠橡胶软接头又称为橡胶接头、橡胶柔性接头、软接头、减振器、管道减振器、避振喉等，是一种高弹性、高气密性、耐介质性和耐气候性的管道接头。安装在水泵、冷水机组进出口管道上，用作防止水泵、冷水机组运行产生的振动传到管道系统上(隔振)。可曲挠橡胶软接头图例及外观如图 3-22 所示。

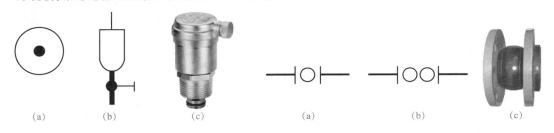

图 3-21　自动排气阀图例及外观　　　　　　图 3-22　可曲挠橡胶软接头图例及外观
(a)平面图；(b)系统图；(c)实物外观　　　　　(a)单球；(b)双球；(c)实物外观

十一、波纹补偿器

波纹补偿器属于一种补偿元件。利用其工作主体波纹管的有效伸缩变形，以吸收管线、导管、容器等由热胀冷缩等原因而产生的尺寸变化，或补偿管线、导管、容器等的轴向、横向和角向位移，也可用于降噪减振。其在现代工业中用途广泛。波纹补偿器安装在需要解决热胀冷缩危害的管道上，作用是消除管道热胀冷缩产生的危害。波纹补偿器图例及外观如图 3-23 所示。

图 3-23　波纹补偿器图例及外观

十二、水表

水表是记录自来水用水量的仪表,安装在进水水管上。当用户放水时,表上指针或字轮转动指出通过的水量。水表图例如图 3-24 所示。水表大多是测量水的累计流量,一般可分为容积式水表和速度式水表两类。容积式水表的准确度较速度式水表高,但对水质要求高,水中含杂质时易被堵塞;速度式水表是由水流直接使运动元件获得动力速度的水表。民用工程中常用的速度式水表有旋翼式水表(图 3-25)和螺翼式水表(图 3-26)两种。

图 3-24　水表图例

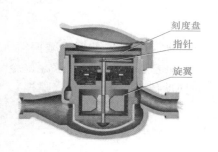

刻度盘
指针
旋翼

图 3-25　旋翼式水表

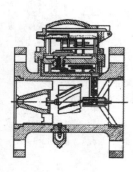

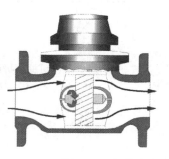

图 3-26　螺翼式水表

螺翼式水表又称为伏特曼(Woltmann)水表,适合在大口径管路中使用($DN80\sim DN200$),其具有流通能力大、压力损失小的特点。

水表井中设有水表及水表前后的附件——称为水表节点，一般设置在室内给水系统的引入（或进户）管上，作用是记录室内给水系统的总用水量。室外水表井如图3-27所示。

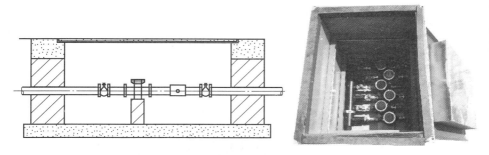

图 3-27　室外水表井

十三、自动冲洗水箱

自动冲洗水箱安装在公共卫生间冲洗水系统上，其作用是定时冲洗公共卫生间内的大小便。图例有平面图上的图例[图3-28(a)]和系统图上的图例[图3-28(b)]两种，其实物图如图3-29所示。

图 3-28　自动冲洗水箱图例
(a)平面图；(b)系统图

图 3-29　自动冲洗水箱系统

十四、Y形除污器

Y形除污器(有时也称Y形过滤器)是Y形的，安装在对水需要除污过滤的管道系统上。Y形的一端是使水等流质经过，另一端是沉淀废弃物、杂质，通常它是安装在减压阀、泄压阀、定水位阀或其他设备的进口端。它的作用是清除水中的杂质，达到保护阀门及设备正常运行的作用，过滤器待处理的水由入水口进入机体，水中的杂质沉积在不锈钢滤网上。Y形除污器图例及实物如图3-30所示。

图 3-30　Y形过滤器图例及实物

十五、水泵

水泵是安装在管道系统上的动力设备，作用是为水流在管道内的流动提供动力。暖卫管道工程上使用的水泵有卧式水泵、管道水泵和潜水泵三种。

(1)卧式水泵在平面图上的图例如图3-31(a)所示，在系统图上的图例如图3-31(b)所示，其实物图如图3-32所示。

(a)　　　　　　　　(b)

图 3-31　卧式水泵图例

(a)平面图；(b)系统图

图 3-32　卧式水泵实物图

(2)管道泵图例如图3-33所示，实物图如图3-34所示。

图 3-33　管道泵图例

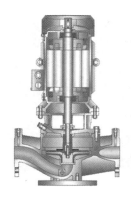

图 3-34　管道泵实物图

(3)潜水泵在使用时整个机组潜入水中工作,将地下水提取到地表,其主要用于生活用水、矿山抢险、工业冷却、农田灌溉、海水提升、轮船调载,还可用于喷泉景观。其图例如图 3-35 所示,实物图如图 3-36 所示。

图 3-35　潜水泵图例

图 3-36　潜水泵实物图

十六、压力表

压力表安装在设备(如空调冷水机组、水泵等)的进出水管上或受压容器上,其作用是测量水(或气体)的压力,确保管道系统和受压设备的安全。压力表图例如图 3-37 所示,其实物图如图 3-38 所示。

图 3-37　压力表图例　　　　　图 3-38　压力表实物图

十七、自动记录压力表

自动记录压力表安装位置及作用同压力表。但这种水表具有自动记录功能,一般用于自动化程度较高的管道系统。自动记录压力表的图例及实物图如图 3-39 所示。

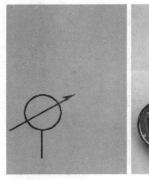

图 3-39　自动记录压力表的图例及实物图

十八、真空表

真空表可分为真空压力表和压力真空表。真空压力表：以大气压力为基准，用于测量小于大气压力的仪表；压力真空表：以大气压力为基准，用于测量大于和小于大气压力的仪表。其安装在负压管道或负压设备上，作用是测量管道或设备内的真空值。真空表的图例及实物图如图 3-40 所示。

图 3-40　真空表的图例及实物图

十九、温度计(带金属保护套)

温度计安装在需要测量流体温度的管道或设备上，其作用是测量流体的温度。温度计的图例及实物图如图 3-41 所示。

图 3-41　温度计的图例及实物图

第二节 阀门的型号命名及示例

阀门型号通常应表示出阀门类型、驱动方式、连接形式、结构特点、密封面材料、阀体材料和公称压力等要素。阀门型号的标准化对阀门的设计、选用、销售提供了方便。

目前，阀门的类型和材料越来越多，阀门的型号编制也越来越复杂。我国虽有阀门型号编制的统一标准，但越来越不能适应阀门工业发展的需要。目前，阀门制造厂一般采用统一编号方法；凡不能采用统一编号的方法，各制造厂均按自己的需要制定编号方法。

一、阀门的型号编制方法

《阀门 型号编制方法》(JB/T 308—2004)适用于工业管道用闸阀、截止阀、节流阀、球阀、蝶阀、隔膜阀、柱塞阀、旋塞阀、止回阀、安全阀、减压阀、蒸汽疏水阀、排污阀。它包括阀门的型号编制和阀门的命名。

（1）阀门的型号编制。阀门型号由 7 个单元组成，用来表示阀门的类型、驱动方式、连接形式、结构形式、密封面或衬里材料类型、压力代号或工作温度下的工作压力代号和阀体材料。各单元的排列顺序和意义如图 3-42 所示。

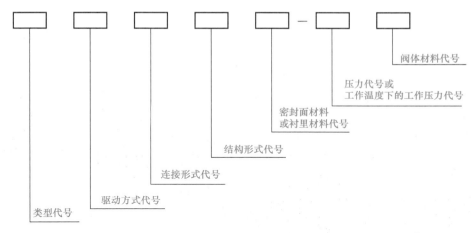

图 3-42 阀门型号排列顺序和意义

阀门型号的含义见表 3-1，阀门的结构形式代号见表 3-2～表 3-11。在实际应用时应注意以下几点：

表 3-1 阀门型号的含义

1 单元	2 单元	3 单元	4 单元	5 单元	6 单元	7 单元
阀门类型代号	驱动方式代号	连接形式代号	结构形式代号	密封面或衬里材料代号	压力代号或工作温度下的工作压力代号	阀体材料代号

1单元	2单元	3单元	4单元	5单元	6单元	7单元
Z 闸阀 J 截止阀 L 节流阀 Q 球阀 D 蝶阀 H 止回阀 和底阀 G 隔膜阀 A 弹簧载荷 安全阀 X 旋塞阀 Y 减压阀 S 蒸汽疏水器 U 柱塞阀 P 排污阀 GA 杠杆 或安全阀	0 电磁动 1 电磁—液动 2 电—液动 3 蜗轮 4 正齿轮 5 锥齿轮 6 气动 7 液动 8 气—液动 9 电动	1 内螺纹 2 外螺纹 4 法兰式 6 焊接式 7 对夹 8 卡箍 9 卡套	见表 3-2～ 表 3-9	T 铜合金 X 橡胶 N 尼龙塑料 F 氟塑料 B 锡基轴承合金 HC_r13 系不锈钢 D 渗氮钢 Y 硬质合金 J 衬胶 Q 衬铅 C 搪瓷 P 渗硼钢 S 塑料 R 实氏体不锈钢 M 裳乃尔合金 G 陶瓷	采用《管道元件—PN（公称压力）的定义和选用》（GB/T 1048）标准 10 倍的兆帕单位（MPa）数值表示	Z 灰铸铁 K 可锻铸铁 Q 球墨铸铁 T 铜及铜合金 C 碳钢 $HRr13$ 系不锈钢 I 铬钼系钢 L 铝合金 P 铬镍系不锈钢 S 塑料 Ti 钛及钛合金 V 铬钼钒钢

1）安全阀、减压阀、疏水阀、手轮直接连接阀杆操作结构形式的阀门，则省略阀门驱动方式代号。

2）当阀门密封副材料均为阀门的本体材料时，密封面材料代号用"W"表示。

3）对于气动或液动机构操作的阀门，常开式用 6K、7K 表示；常闭式用 6B、7B 表示。

4）当介质最高温度超过 425 ℃时，标注最高工作温度下的工作压力代号。

5）公称压力小于等于 1.6 MPa 的灰铸铁阀门的阀体材料代号在型号编制时予以省略公称压力大于等于 2.5 MPa 的碳素钢阀门的阀体材料代号在型号编制时予以省略。

（2）闸阀结构形式代号（即表 3-1 的 4 单元）阿拉伯数字表示，见表 3-2。

表 3-2　闸阀结构形式

结构形式			代号
阀杆升降式 明杆	楔式闸板	弹性闸板	0
		刚性闸板 单闸板	1
		刚性闸板 双闸板	2
	平行式闸板	刚性闸板 单闸板	3
		刚性闸板 双闸板	4
阀杆排升降式	楔式闸板	刚性闸板 单闸板	5
		刚性闸板 双闸板	6
	平行式闸板	刚性闸板 单闸板	7
		刚性闸板 双闸板	8

（3）截止阀、节流阀和柱塞阀结构形式代号用阿拉伯数字表示，见表3-3。

表3-3　截止阀、柱塞阀和节流阀结构形式

结构形式		代号	结构形式		代号
阀瓣 非平衡式	直通流道	1	阀瓣平衡式	直通流道	6
	Z形流道	2		角式流道	7
	三通流道	3			
	角式流道	4			
	直流流道	5			

（4）球阀结构形式代号用阿拉伯数字表示，见表3-4。

表3-4　球阀结构形式

结构形式		代号	结构形式		代号
浮动球	直通流道	1	固定球	直通流道	7
	Y形三通流道	2		四通流道	6
	L形三通流道	4		T形三通流道	8
	T形三通流道	5		L形三通流道	9
				半球直通	0

（5）蝶阀结构形式代号用阿拉伯数字表示，见表3-5。

表3-5　蝶阀结构形式

结构形式		代号	结构形式		代号
密封型	单偏心	0	非密封型	单偏心	5
	中心垂直板	1		中心垂直板	6
	双偏心	2		双偏心	7
	三偏心	3		三偏心	8
	连杆机构	4		连杆机构	9

（6）止回阀结构形式代号用阿拉伯数字表示，见表3-6。

表3-6　止回阀结构形式

结构形式		代号	结构形式		代号
升降式阀瓣	直通流道	1	旋启式阀瓣	单瓣结构	4
	立式结构	2		多瓣结构	5
	角式流道	3		双瓣结构	6
			蝶形止回阀		7

（7）隔膜阀结构形式代号用阿拉伯数字表示，见表3-7。

表3-7　隔膜阀结构形式

结构形式	代号	结构形式	代号
屋脊流道	1	直通流道	6
直流流道	5	Y形角式流道	8

(8)安全阀结构形式代号用阿拉伯数字表示，见表3-8。

表3-8　安全阀结构形式

结构形式		代号	结构形式		代号
弹簧载荷弹簧封闭结构	带散热片全启式	0	弹簧载荷弹簧不封闭且常扳手结构	微启式	3
	微启式	1		双联阀	3
	全启式	2		微启式	7
	带扳手全启式	4		全启式	8
杠杆式	单杠杆	2	带控制机构全启式		6
	双杠杆	4	脉冲式		9

(9)旋塞阀结构形式代号用阿拉伯数字表示，见表3-9。

表3-9　旋塞阀结构形式

结构形式		代号	结构形式		代号
填料密封	直通流道	3	油密型	直通流道	7
	T形三通流道	4		T形三通流道	8
	四通三通流道	5			

(10)减压阀结构形式代号用阿拉伯数字表示，见表3-10。

表3-10　减压阀结构形式

结构形式	代号	结构形式	代号
薄膜式	1	波纹臂式	4
弹簧薄膜式	2	杠杆式	5
活塞式	3		

(11)蒸汽疏水阀结构形式代号用阿拉伯数字表示，见表3-11。

表3-11　蒸汽疏水阀结构形式

结构形式	代号	结构形式	代号
浮球式	1	蒸汽压式或膜盒式	6
浮桶式	3	双金属片式	7
液体或固体膨胀式	4	脉冲式	8
钟形浮子式	5	圆盘热动力式	9

二、阀门型号和名称编制方法示例

例1：Z942 W－1　电动楔式双闸板闸阀

电动驱动、法兰连接、明杆楔式双闸板、阀座密封面材料由阀体直接加工、公称压力 $PN0.1$ MPa、阀体材料为灰铸铁的闸阀。

例2： Q21 F—40 P　外螺纹球阀

手动、外螺纹连接、浮动直通式、阀座密封面材料为氟塑料、公称压力 $PN4.0$ MPa、阀体材料为 1 Cr18 Ni9 Ti 的球阀。

例3： G6 K41 J—6　气动常开式衬胶隔膜阀

气动常开式、法兰连接、屋脊式、衬里材料为衬胶、公称压力 $PN0.6$ MPa、阀体材料为灰铸铁的隔膜阀。

例4： D741 X—2.5　液动碟阀

液动、法兰连接、垂直板式、阀座密封面材料为铸铜、阀瓣密封面材料为橡胶、公称压力 $PN0.25$ MPa、阀体材料为灰铸铁的蝶阀。

例5： J961 Y—P54 170 V　电动焊接截止阀

电动驱动、焊接连接、直通式、阀座密封面材料为堆焊硬质合金、在 540 ℃下的工作压力为 17.0 MPa、阀体材料铬钼钒钢的截止阀。

第三节　排水管道附件构造及用途

前面已经介绍过给水排水管道工程中使用的阀门附件的图例。下面介绍排水管道工程中最常用的附件图例及构造。

一、立管检查口

检查口一般装于立管，供立管与横支管连接处有异物堵塞时清掏用。铸铁排水立管上检查口间距不大于 10 m，塑料排水立管宜每六层设置一个检查口。但在最底层和设有卫生器具的两层以上建筑物的最高层必须设置检查口，平顶建筑可用通气口代替检查口。检查口的图例及实物图如图 3-43 所示。

图 3-43　检查口的图例及实物图

二、清扫口

清扫口安装在室内排水横管的末端，其作用是清扫室内排水横管内的堵塞物。清扫口的形式有两种：一种是安装在地面上的地面清扫口，用于埋地排水横管的末端；另一种是安装在楼层横管末端的清扫口。清扫口在平面图上的图例如图 3-44(a) 所示，在系统图上的图例如图 3-44(b) 所示，其实物图如图 3-45 所示。

图 3-44 清扫口的图例

(a)平面图；(b)系统图

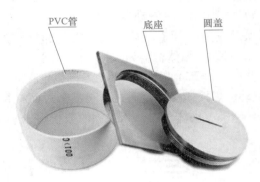

图 3-45 清扫口实物图

三、通气帽

通气帽安装在排水立管伸出屋面部分的末端或专门的通气管伸出屋面部分的末端。通气帽的作用有以下两个。

1. 透气作用

(1)向室内排水系统补充空气，以平衡系统内的气压，避免设置在室内排水系统上的水封遭到破坏。

(2)排除室内排水系统产生的有害气体(臭气)。

2. 防止杂物跌落到室内排水管道内

通气帽的图例也有两种：成品 PVC 塑料通气帽的图例及实物图如图 3-46 所示，蘑菇形通气帽的图例及实物图如图 3-47 所示。

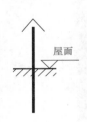

图 3-46 PVC 塑料通气帽的图例及实物图　　　　图 3-47 蘑菇形通气帽的图例及实物图

四、雨水斗

雨水斗设在屋面雨水由天沟进入雨水管道的入口处。雨水斗有整流格栅装置，能迅速排除屋面雨水，格栅具有整流作用，避免形成过大的旋涡，稳定斗前水位，减少掺气，迅速排除屋面雨水、雪水，并能有效阻挡较大杂物。雨水斗的图例如图 3-48 所示，其实物图如图 3-49 所示。

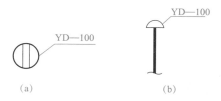

图 3-48　雨水斗的图例
(a)平面图；(b)系统图

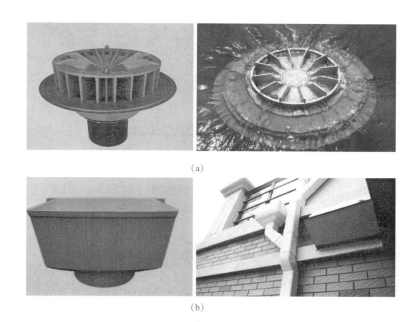

图 3-49　雨水斗实物图
(a)铸铁 87 型雨水斗；(b)塑料雨水斗

五、地漏

地漏安装在卫生间、盥洗间、洗衣房等建筑的地面上并与排水管道相互连接，其作用是排除卫生间、盥洗间、洗衣房等建筑的地面积水，一般住宅建筑的厨房不安装地漏，而是安装在厨房的生活阳台上。

由于地漏的外形有圆形和方形两种，并且在平面图上和系统图上的画法是各不相同的，所以图例有以下四种。

(1)圆形(钟形)地漏的图例如图 3-50 所示，其实物图如图 3-51 所示。

(2)方形地漏的图例如图 3-52 所示，其实物图如图 3-53 所示。

由于圆形(钟形)地漏在没有垫层的楼板上无法安装，再加上老的圆形(钟形)地漏自带水封的深度不够(规范规定地漏水封的深度不小于 50 mm)，所以，现在建筑中如果选用老的圆形地漏或不锈钢地漏，还需在地漏的排水支管上安装存水弯。

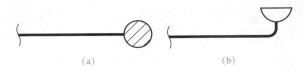

图 3-50　圆形地漏的图例

(a)平面图；(b)系统图

图 3-51　圆形地漏实物图

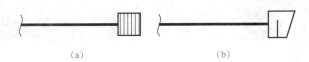

图 3-52　方形地漏的图例

(a)平面图；(b)系统图

图 3-53　方形地漏实物图

六、存水弯

存水弯是在卫生器具排水管上或卫生器具内部设置一定高度的水柱，防止排水管道系统中的气体窜入室内的附件，存水弯内一定高度的水柱称为水封。存水弯可分为 S 形存水弯、P 形存水弯、盅形存水弯。S形、P 形和盅形可以很形象地说明存水弯的形状。

存水弯是建筑内排水管道的主要附件之一，有的卫生器具构造内已有存水弯（如坐式大便器），构造中受水器与生活污水管道或其他可能产生有害气体的排水管道直接连接时，必须在排水口以下设存水弯。存水弯结构如图 3-54 所示。

水

有害气体

图 3-54　存水弯结构

(1)S形存水弯用于与排水横管垂直连接的场所，如图 3-55 所示。

(2)P形存水弯用于与排水横管或排水立管水平直角连接的场所，如图 3-56 所示。

图 3-55　S形存水弯

图 3-56　P形存水弯

(3)盅形存水弯及带通气装置的存水弯，一般明设在洗脸盆或洗涤盆等卫生器具排出管上，形式较美观，如图 3-57 所示。

另外，给水排水工程中使用的用水设备(或卫生器具)的种类较多，图例也较多。但一般都是形象画法，在此就不予介绍了，请参见《建筑给水排水制图标准》(GB/T 50106—2010)中的有关内容。

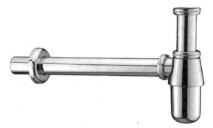

图 3-57　盅形存水弯

七、套管

套管就是管道穿过建筑物基础或穿过楼板时，用来保护管道或者方便管道安装的铁圈。套管可分为一般套管、刚性防水套管和柔性防水套管三类。

立管穿楼板时要设一般套管(预埋)，具体设置方法如图 3-58 所示，其实物图如图 3-59 所示。套管底面与楼板下边齐平，上端高出板面，一般房间高出 20 mm，对于厨房、卫生间等，套管高出楼板面 30～50 mm，可以阻止水顺着管子流下去。特别是预留套管，其与做过防水的地面有很好的接触，防水性能要远高于那些预留方洞再事后补洞的做法。

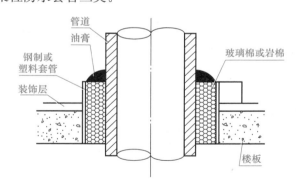

图 3-58　一般套管结构图

另外，穿地基基础、穿屋面、穿水池等需要防水的地方应该用防水套管。防水套管可分为刚性防水套管和柔性防水套管两种。安装完毕后允许有变形量的套管称为柔性防水套管；不允许有变形量的套管称为刚性防水套管。刚性防水套管(图 3-60)是钢管外加翼环(钢板做的环形焊接在钢套管上)，安装于墙、楼板内，有利于防水。刚性防水套管一般用在地下室等需要穿管道的位置(诸如地下室的挡土墙穿管道的位置)。柔性防水套管除外部翼环外，内部还有挡圈之类的法兰内丝，有成套卖的，也可自己加工，用于有减振需要的管路，如和水泵连接的管道穿墙时。也就是说，如果考虑墙体两面的防水性能，就要选用柔性防水套管；如果仅仅是考虑管道的穿墙，而不考虑穿墙后，墙体两面的防水性能以及管道的位移变形，就可以选用刚性防水套管。柔性防水套管如图 3-61 所示。

图 3-59　穿楼板一般套管

图 3-60　刚性防水套管

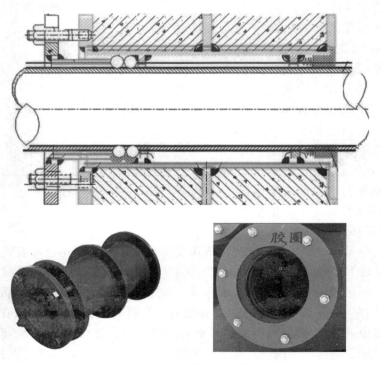

图 3-61　柔性防水套管

八、止水环与阻火圈

塑料管道在各类公共和民用建筑中得到广泛应用，但塑料管道往往容易成为火灾传播的通道，塑料管道遇热火烧毁后形成的孔洞像一个烟囱，使火焰和烟气从一层沿管道蔓延和扩散至另一层，或从一个房间蔓延和扩散到另一个房间，使火灾损失扩大。世界各国消防组织得出一致的结论，塑料管道是火灾蔓延和扩散的罪魁祸首。阻火圈由金属材料制作外壳，内填充阻燃膨胀芯材，套在硬聚氯乙烯管道外壁，固定在楼板或墙体部位，火灾发生时芯材受热迅速膨胀，挤压 UPVC 管道，在较短时间内封堵管道穿洞口，阻止火势沿洞口蔓延。阻火圈安装结构如图 3-62 所示，其实物图如图 3-63 所示。

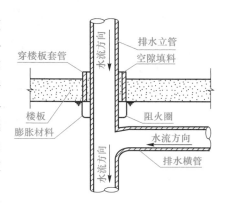

图 3-62　阻火圈安装结构

图 3-63　阻火圈实物图

一般居住建筑如果采用同层式排水，并且排水横管设置在楼板上，这种排水方式立管穿楼板没有办法设置套管，所以只能在立管与楼板间的空隙处加设一个止水环。止水环设置结构如图 3-64 所示，其实物图如图 3-65 所示。

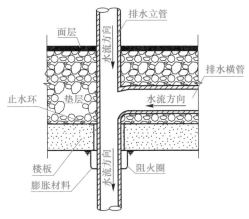

图 3-64　止水环设置结构

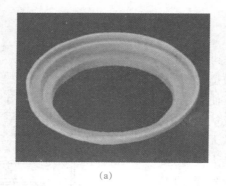

(a)   (b)

图 3-65   止水环实物图

(a)塑料止水环；(b)橡胶止水环

复习思考题

1. 阀门型号由哪七个单元顺序组成？
2. 阀门的主要技术参数有哪些？
3. 阀门的名称及代号有哪些？
4. 阀门驱动方式代号用阿拉伯数字的表示方法是什么？
5. 阀门的密封材料代号有哪些？
6. 浮动球阀有什么特点？
7. 闸阀与截止阀在外形与结构上有哪些区别？
8. 简述套管的分类及用途。

第四章

给水排水管道工程构造

第一节　室外给水排水管道工程施工图识读

室外给水排水管道工程施工图最主要的是施工平面图，施工平面图是反映室外给水排水管道的平面布置情况。

一、室外给水排水管道工程施工平面图

(一)室外给水排水管道工程施工平面图绘制的主要内容

室外给水排水管道工程施工平面图绘制的主要内容有以下三个部分：

（1）该区域原有建筑、新建建筑及构筑物、管道、等高线、施工坐标、指北针等；

（2）室外给水管道、污水排水管道、雨水排水管道；

（3）主要图例符号及说明。

（二）室外给水排水管道工程施工平面图绘制的一般规定

室外给水排水管道工程施工平面图，要按以下规定进行绘制：

（1）平面图方向要与室外建筑平面图方向一致；

（2）绘图比例要与室外建筑平面图比例相同；

（3）管道类别要用符号（如 J、P、Y）标识，以示区别；

（4）不同类别附属构筑物要用不同代号标识，以示区别；

（5）同类附属构筑物多于或等于两个时要用数字进行编号；

（6）给水管、排水管、雨水排水管交叉时要断开污水与雨水排水管（注意：室外给水管、排水管、雨水排水管一般由外到里的排列顺序是雨水管—给水管—污水管）；

（7）污水排水检查井、给水阀门井要标注中心坐标；

（8）管道要标注中心坐标。

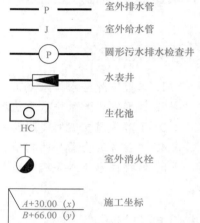

图 4-1 图例

（三）室外给水排水管道工程施工平面图的阅读实例

下面用图 4-1 图例、图 4-2 某建筑的室外给水排水平面图，来说明室外给水排水管道工程施工图的阅读方法。

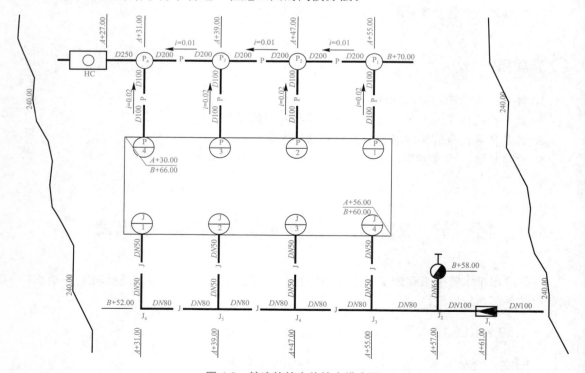

图 4-2 某建筑的室外给水排水图

在图 4-2 中，只画出了室外给水管和室外排水管，雨水排水管没有画出来。根据以上所给的图，计算出管道用量和其他配套设施，其计算结果见表 4-1。

表 4-1　室外给水排水工程管道基本用量和设施统计表

管道类别	管道编号	管道规格	单位	数量	合计
室外给水主管	$J_1 \sim J_2$	DN100	m	4	6
	$J_2 \sim J_3$	DN100	m	2	
	$J_3 \sim J_4$	DN80	m	8	24
	$J_4 \sim J_5$	DN80	m	8	
	$J_5 \sim J_6$	DN80	m	8	
给水引入管	J/1	DN50	m	8	32
	J/2	DN50	m	8	
	J/3	DN50	m	8	
	J/4	DN50	m	8	
室外消火栓		DN65	m	6	6
排水主管	$P_1 \sim P_2$	D200	m	8	24
	$P_2 \sim P_3$	D200	m	8	
	$P_3 \sim P_4$	D200	m	8	
	$P_4 \sim HC$	D250	m	4	4
污水排出管	P/1	D100	m	4	16
	P/2	D100	m	4	
	P/3	D100	m	4	
	P/4	D100	m	4	
污水检查井	$P_1 \sim P_4$		个	4	
室外消火栓		DN65	个	1	
水表井			个	1	

二、室外给水排水管道工程纵断面图

室外给水管道由于是压力流管道，一般不画纵断面图。如果设计有坡度，也可将纵断面图画出来，以便施工技术人员查看管道各点的安装标高。但室外污水排水管是重力流管道，设计时要按规范要求设置坡度，所以，室外污水排水管道画出其纵断面图，如图 4-3 所示。室外排水管道纵断面图绘制的主要内容如下：

（1）绝对标高的标尺；

（2）用双线绘制污水排水管道；

（3）对应的检查井的立面；

（4）图下用表格的形式标注对应位置的参数。

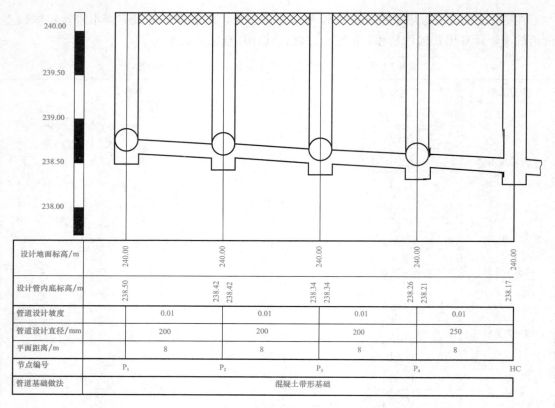

图 4-3　室外排水管道纵断面图

设计地面标高/m	240.00	240.00	240.00	240.00	240.00
设计管内底标高/m	238.50	238.42　238.42	238.34　238.34	238.26　238.21	238.17
管道设计坡度	0.01	0.01	0.01	0.01	
管道设计直径/mm	200	200	200	250	
平面距离/m	8	8	8	8	
节点编号	P₁	P₂	P₃	P₄	HC
管道基础做法	混凝土带形基础				

室外排水管道纵断面图的阅读相对比较简单，实际就是阅读纵断面图下表格中的有关数字。

第二节　室内生活给水排水工程构成

在室内生活给水排水工程施工图中，施工平面图是将给水管道和排水管道绘制在同一张图纸上，给水管道用粗实线绘制，排水管道用粗虚线绘制，并且在绘制过程中有一些特殊的规定。下面首先介绍室内生活给水排水工程施工图绘制的规定，然后再介绍室内生活给水排水工程构造。

一、室内生活给水排水工程施工图绘制的规定

（1）给水管道用粗实线绘制，排水管道用粗虚线绘制，对某些不可见的给水管道也不用虚线而是用粗实线表示，如埋地管道、暗装管道和穿墙管道。

（2）给水排水系统图的布图方向与相应的给水排水平面图一致，其比例也相同，当局部管道按此比例不易表示清楚时，为表达清楚，此处局部管道可不按比例绘制。

（3）安装在下一层空间但却是为本层使用的管道须绘制在本层平面图上，例如，公用建筑二层的排水横管是安装在一层空间的二层楼板下，但却要绘制在二层施工平面图上。

(4)绘制给水系统图时只绘制管道、用水龙头和开闭阀门，不绘制用水设备的外轮廓线。

(5)绘制排水系统图时只绘制到卫生器具出口处的存水弯，不绘制卫生器具的外轮廓线。

二、室内给水排水管道系统的组成及作用

(一)室内给水管道系统的组成及作用

图 4-4 所示为一典型室内给水管道系统的系统图，也就是前面介绍的给水管道轴测图，下面结合该图来介绍室内给水管道系统的各组成部分及作用。

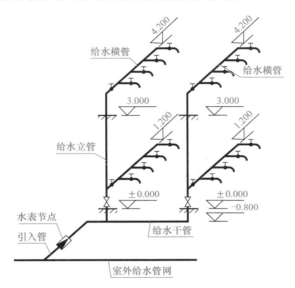

图 4-4 室内给水管道系统的系统图

1. 给水引入管

引入管也称进户管，如图 4-4 所示。给水引入管是连接室内给水管道系统与室外给水管网的管道，一般是水平敷设安装，其作用是将室外给水管网中的水引入到室内给水管道系统。给水引入管穿过建筑的外墙基础时也要设套管，穿基础套管具体设置方法如图 4-5 所示。

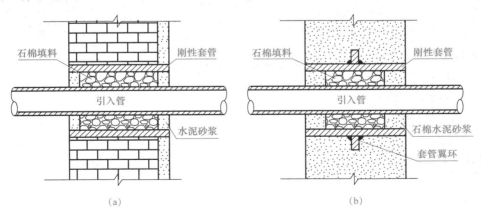

图 4-5 引入管穿过外墙基础时套管设置方法

(a)引入管穿砖墙基础；(b)引入管穿钢筋混凝土基础

2. 水表节点

水表节点是指安装在给水引入管上的水表及水表前后的附件，如图 4-4 所示，其作用是记录室内给水系统的总用水量。水表节点一般设置在室外的水表井中；常见水表节点的配置内容如图 4-6 所示。其中的旁通阀平时是关闭的，只有当水表需要检修，水表前后阀门关闭时，旁通阀才打开过水，旁通管的设置可以保障在水表检修过程中室内不停水。

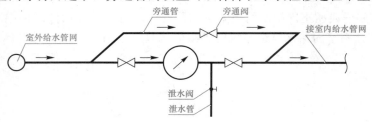

图 4-6　水表节点配置图

3. 室内给水管道系统

室内给水管道系统包括以下管道：

(1)给水干管。给水干管是指连接两根或两根以上给水立管的水平管道，其作用是将引入管送来的水转送到每根给水立管，如图 4-4 所示。

(2)给水立管。给水立管是指连接各楼层的给水横管的垂直管道，其作用是将给水干管输送来的水转送到各楼层的给水横管，如图 4-4 所示。

(3)给水横管。给水横管是指设置各楼层连接给水支管或用水龙头的水平管道，其作用是将给水立管输送来的水转送到给水支管或用水龙头，如图 4-4 所示。

(4)给水支管。给水支管是指向一个用水设备或用水龙头供水的短管。

4. 室内给水管道系统附件

室内给水管道系统附件可分为以下两种：

(1)控制附件。控制附件是指设置在室内给水管道系统上的各种阀门，其作用是调节水量和水压，关断水流。

(2)配水附件。配水附件是指安装在室内给水系统上的各种用水龙头，其作用是向各用水点按设计要求分配水的流量。

5. 用水设备

用水设备是指各种卫生器具、消防用水设备和各种生产用水设备，用水设备在图 4-4 中没有画出。

6. 升压储水设备

升压储水设备有时也称为给水系统辅助设备，是指安装在给水系统上的水泵、水箱和水池。升压储水设备对于某一个室内给水系统不一定有，因为只有当室外给水管网的水压不能满足室内给水系统要求时才设置升压储水设备。例如，高层建筑的室内给水系统，必须设置水泵、水箱或水池。

(二)室内生活污水排水管道系统的组成及作用

图 4-7 所示为一典型室内生活污水排水管道系统图，现结合该图介绍室内生活污水排水管道系统的组成及作用。

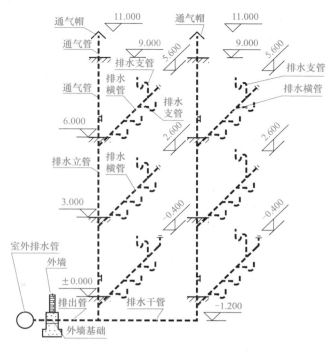

图 4-7　室内生活污水排水管道系统图

1. 通气管

通气管或通气系统，是指室内污水排水立管上部不过水和伸出屋面部分的管道，如图 4-7 所示。这种做法多用于一般建筑中的室内生活污水排水系统。

通气管或通气系统的作用有以下两个：

(1)向室内生活污水排水管道系统补充空气，补充空气的目的是平衡排水管道系统中的气压，以免设置在卫生器具排出管道上的水封遭到破坏。

(2)排除室内生活污水排水管道系统中产生的有害气体(臭气)。

通气系统一般是对高层建筑的室内生活污水排水系统设置的专门用作通气的管道系统。原因是高层建筑内设置的生活污水排水系统承担的污水排水量大，排水的垂直高度也高，所以必须设置专门用作通气的管道系统，以避免用水高峰室内生活污水排水系统排水时，建筑底层卫生间形成污水泛水现象。

住宅建筑为了避免底层住户卫生间形成污水泛水现象，目前一般的做法是一层卫生间的污水单独排向室外，与二层以上卫生间的污水排水系统不发生联系。这种做法完全避免了住宅建筑底层卫生间污水泛水的现象。

2. 排水支管

排水支管又称为器具排水管，是连接一个卫生器具的排水短管，一般在上面都设有水封存水弯，如图 4-7 所示。排水支管的作用是将卫生器具收集起来的污水排至排水横管。

3. 排水横管

排水横管是设置在各楼层连接两个或两个以上卫生器具的水平排水管，如图 4-7 所示。排水横管的作用是将排水支管排来的污水转排至排水立管。

公共建筑中的生活污水排水横管的末端要设清扫口，住宅建筑一般不设，清扫口的作用是清扫排水横管内的堵塞物。清扫口的设法有以下两种：

（1）对埋地排水横管，清扫口要安装在地面上。底层公共卫生间的排水横管基本都是埋地敷设安装的，所以，设置在埋地横管末端的清扫口必须翻到地面上安装。

（2）对安装在楼板下的排水横管，清扫口可以直接安装在排水横管的末端。

由于排水横管是设置在各楼层的水平排水管道，所以按规范要求要设置坡度。

4. 排水立管

排水立管是指安装在室内的垂直排水管道，如图 4-7 所示。排水立管的作用是将排水横管排来的生活污水转排至排水干管。按照规范要求，排水立管上要设立管检查口。设置的方法是：底层和顶层立管上必须设立管检查口，中间其余层的排水立管上每隔一层设置一个。立管检查口的作用是清扫和检查排水立管内的堵塞物。

5. 排水干管

排水干管是连接两根或两根以上排水立管的水平排水管道，如图 4-7 所示。排水干管一般都是埋地敷设安装，或安装在建筑地下室的顶棚内和高层建筑的管道转换层。排水干管的作用是将排水立管排来的生活污水转排至排水系统的总排出管。由于排水干管是水平设置的管道，所以排水干管按规范要求也要设置坡度。

6. 排出管

排出管是室内排水管道系统与室外排水管道系统的连接管道，如图 4-7 所示。排出管的作用是将排水干管排来的室内排水系统的总的生活污水排到室外的排水系统。由于排出管也是水平设置的管道，所以也要按规范要求设置坡度。

另外，室内生活污水排水系统的排出管一般也都是要穿过建筑外墙基础。排出管穿过外墙基础的部位也要预埋套管或预留孔洞。具体做法与室内生活给水系统的给水引入管穿过建筑外墙基础的做法相同。

三、室内生活给水系统的基本给水方式和管道布置形式

下面只介绍工程实际中最常用的几种室内基本给水方式和管道的布置形式，供阅读室内生活给水管道工程施工图时进行判断。

（一）室内生活给水系统的基本给水方式与适用条件

室内生活给水系统的基本给水方式最常用的有以下四种。

1. 直接给水方式

直接给水方式的室内给水系统的适用条件是：室外给水管网中的水量、水压、水质随时都能满足室内生活给水系统的要求。

直接给水方式一般用于多层居住建筑和其他建筑。这种生活给水系统是直接利用室外给水管网提供的水压进行工作的，如图 4-8 所示。由图可以看出，直接生活给水方式的室内给水系统没有任何辅助设备（如水泵、水箱等）。供水系统简单，供水安全可靠；在条件允许的情况下，室内生活给水系统尽可能采用这种给水方式供水。

2. 设有屋顶水箱的给水方式

设有屋顶水箱的给水方式的室内生活给水系统的适用条件是：室外给水管网中的水压间断性不满足室内生活给水系统的要求。在这种情况下，可在建筑的顶部（屋顶）设一个屋顶水箱，如图 4-9 所示。

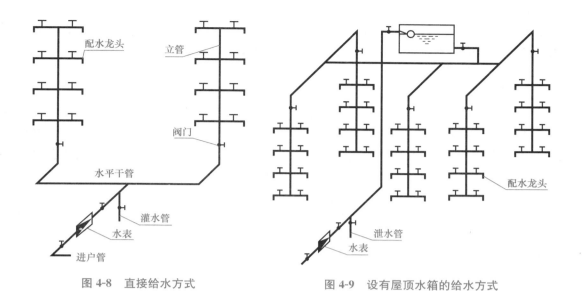

图 4-8　直接给水方式　　　　　　　图 4-9　设有屋顶水箱的给水方式

设有屋顶水箱的室内生活给水系统的工作情况分以下两种：

（1）当室外给水管网中的水压满足室内系统要求时，室内给水系统可直接由室外给水系统直接供水，同时也可向屋顶水箱供水，水箱中的水完全是靠这时充入的。

（2）当室外给水管网中的水压不满足室内系统要求时，室内给水系统完全由设在屋顶的水箱供水。

另外，由设有屋顶水箱的给水方式系统图可以看出，这种在屋顶设置了储水设备（水箱）的方式，可能会形成室内的生活用水水质的二次污染。

3. 设有地下水池、水泵和屋顶水箱的给水方式

在这种情况下，可在建筑的地下室设一个蓄水池和加压水泵，再在屋顶设置一个水箱，室内生活给水系统的工作完全靠屋顶水箱供水，如图 4-10 所示。

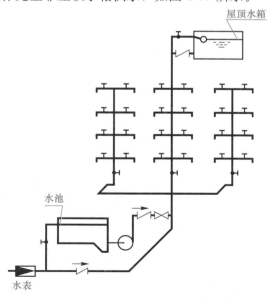

图 4-10　设水池、水泵、水箱的给水方式

由图 4-10 可以看出，这种给水方式的室内给水系统，既有升压设备（水泵），也有储水设备（水池或水箱）。这种设有地下水池、水泵和屋顶水箱的给水方式，室内供水系统复杂，供水安全可靠性较差，水价高，水质形成二次污染的可能性更大。

4. 高层建筑的分区给水方式

目前，城市里的高层建筑，由于高度超过了室外给水系统能够提供的水压，所以一般都采用分区供水方式。即下面几层采用室外管网直接给水方式供水；中间几层采用设有水箱的给水方式供水；上面几层则采用设有水池、水泵和水箱的给水方式供水。这样就形成了高层建筑的分区给水方式的供水，如图 4-11 所示。

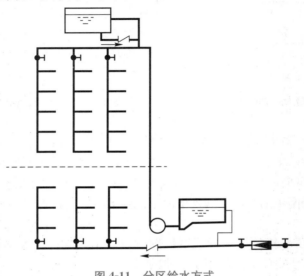

图 4-11　分区给水方式

图 4-11 的高层建筑分区给水方式，实际上是直接给水方式，设有水池、水泵、水箱给水方式的组合。图中将整个建筑在垂直方向分成了两个供水区域，即建筑的下面几层采用直接给水方式供水；建筑的上面几层采用设有（地下）水池、水泵和水箱给水方式供水。由此可见，高层建筑分区供水方式最复杂，所用到的辅助设备也较多。但这种给水方式的优点是供水保障性高。

(二)室内生活给水系统的管道布置形式

室内生活给水系统的管道布置形式是根据生活给水系统的给水立管和给水干管的相对位置区分的。工程实际中用得最多的管道布置形式有以下三种。

1. 下行上给式

下行上给式是给水干管布置在给水立管的下端，例如，直接给水方式就可将管道布置成下行上给式，如图 4-12 所示。

2. 上行下给式

上行下给式是给水干管布置在给水立管的上端，例如，设有水箱的给水方式可以将管道布置成上行下给式，如图 4-13 所示。

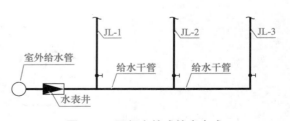

图 4-12　下行上给式给水方式

3. 中分式

中分式是给水干管布置在给水立管的中间，形成上下供水的形式，如图 4-14 所示。

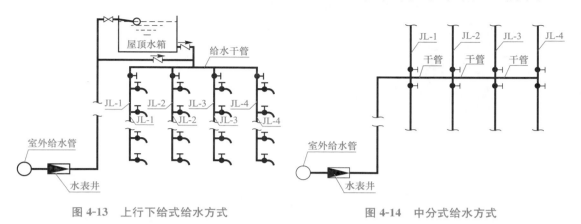

图 4-13　上行下给式给水方式　　　　　　　图 4-14　中分式给水方式

四、室内生活给水排水工程施工图的阅读

室内生活给水排水工程施工图的阅读一般是沿水流方向进行，即：

室内生活给水管道系统施工图的阅读顺序是：给水引入管→水平干管→给水立管→给水横管→给水支管→用水设备。

室内生活污水排水管道系统施工图的阅读顺序是：排水支管→排水横管→排水立管→排水干管→排出管。

同时，在阅读室内生活给水排水工程施工图时，一般都要对照平面图、立面图、剖面图及系统图进行识读。系统中的设备与附件可直接在平面图和系统图上进行统计，管道的长度计算方法：水平管道在平面图上去丈量计算，原则是中心到中心；垂直管道按系统图的标高计算。

另外，生活给水管道系统中所用的管件（三通、弯头、大小头等）或管道的支吊架在施工过程中也要进行统计，以便施工安装购买管件或加工管道支吊架。

第三节　管道支架的敷设形式

管道支架在任何有管道敷设的地方都会用到，其作为管道的支撑结构又被称作管道支座、管部等。根据管道的运转性能和布置要求，管架可分为成固定支架和活动支架两种。设置固定点的地方称为固定支架，如图 4-15 所示，这种管架与管道支架不能发生相对位移，因为管架要具有足够的刚度，固定管架受力后的变形与管道补偿器的变形值相比，应当很小。在给水排水工程中基本设置的都是固定支架。在直管段很长的地方，中间位置可以设置支撑的地方可以采用活动设置管架，应对一定的热胀冷缩变形，如图 4-16 所示，管道与管架之间允许产生相对位移，不约束管道的热变形。

垂直安装的水管支架设置比较简单，当楼层高度≤5 000 mm 时，每层应设置 1 个支架；当楼层高度＞5 000 mm 时，每层应设置不少于 2 个支架。立管支架如图 4-17 所示。

图 4-15　常见管道固定支架

图 4-16　常见管道活动支架　　　　　　　图 4-17　立管支架

　　水平支架的设置比较烦琐，不同的管材的管道（水管）支、吊架的间距在施工规范中都有具体的要求，可参见《通风与空调工程施工规范》（GB 50738—2011），支、吊架的间距设置可分为以下几种情况：

　　（1）水平安装的钢管支、吊架的最大间距设置，参见表4-2。

表 4-2　水平安装钢管支、吊架的最大间距　　　　　　　　　　　　　　　m

直径/mm	15	20	25	32	40	50	70	80	100	125	150	200	250	300
绝热管道	1.5	2.0	2.5	2.5	3.0	3.5	4.0	5.0	5.0	5.5	6.6	7.5	7.5	9.5
非绝热管道	2.5	3.0	3.5	4.0	4.5	5.0	6.0	6.5	6.5	7.5	7.5	9.0	9.5	10.5

注：1. 对于公称直径大于300 mm的可参考300 mm的管道；
　　2. 适用于设计工作压力不大于2.0 MPa，非绝热或绝热材料密度不大于200 kg/m³的管道系统。

　　（2）采用沟槽连接的管道支、吊架的最大间距设置，参见表4-3。

表 4-3　水平安装沟槽连接的管道支、吊架的最大间距

公称直径/mm	50	70	80	100	125	150	200	250	300	350	400
支架最大间距/m		3.6			4.2			4.8			5.4

注：沟槽连接的管道支、吊架不应支承在连接头上，并且水平管道的任意两个连接头之间应有支、吊架。

　　（3）塑料管及复合管支、吊架的最大间距设置，参见表4-4。

表 4-4　塑料管及复合管支、吊架的最大间距表

管道直径/mm			12	14	16	18	20	25	32	40	50	63	75	90	110
支架间距/m	立管		0.5	0.6	0.7	0.8	0.9	1.0	1.1	1.3	1.6	1.8	2.0	2.2	2.4
	水平	冷	0.4	0.4	0.5	0.5	0.6	0.7	0.8	0.9	1.0	1.1	1.2	1.35	1.55
		热	0.2	0.2	0.25	0.3	0.3	0.35	0.4	0.5	0.6	0.7	0.8	—	—

（4）铜管支、吊架的最大间距设置，参见表 4-5。

表 4-5　铜管支、吊架的最大间距表

公称直径/mm		15	20	25	32	40	50	65	80	100	125	150	200
支架间距/m	垂直	1.8	2.4	2.4	3.0	3.0	3.0	3.5	3.5	3.5	3.5	4.0	4.0
	水平	1.2	1.8	1.8	2.4	2.4	2.4	3.0	3.0	3.0	3.0	3.5	3.5

（5）钢类支、吊架的制作安装。水平管道钢类支、吊架的种类很多，下面介绍常见的几种钢类支、吊架，支、吊架的横担用角钢或槽钢加工制作；支、吊架的吊杆用圆钢加工制作；抱箍用扁钢或圆钢加工制作。

1）倒吊式支、吊架。适用悬吊在楼板下管径≤$DN50$ 的管道，倒吊式支、吊架结构如图 4-18 所示。吊架所用型钢型号见表 4-6。

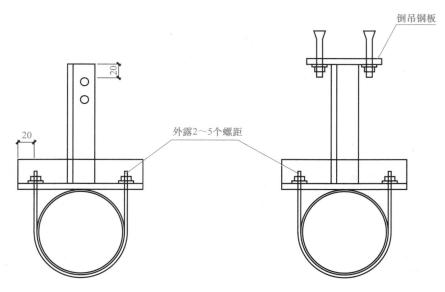

图 4-18　倒吊式支、吊架结构

表 4-6　倒吊式支、吊架材料适用表

吊架钢材	适用管道	倒吊钢板	膨胀螺栓
∟30×30×4	≤$DN25$	$\delta=6$　100×100	M8×80
∟40×40×5	$DN32\sim DN50$	$\delta=8$　110×110	M10×85

2）龙门式支、吊架。适用悬吊在楼板下管径≤$DN150$ 的管道。龙门式支、吊架结构如图 4-19 所示，吊架所用型钢型号见表 4-7。

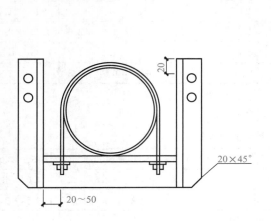
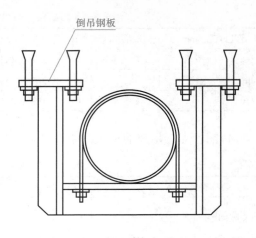

图 4-19　龙门式支、吊架结构

表 4-7　龙门式支、吊架材料适用表

支架型材	适用管道	倒吊钢板	膨胀螺栓
└ 30×30×4	DN25～DN40	δ=6　100×100	M8×80
└ 40×40×5	DN50～DN150	δ=8　110×110	M10×85

3）座地式支架。座地式支架安装在室外的地面、天面露台的地面，这部分的支架必须安装在高于地面不少于 50 mm 的水泥基础上，或者砌筑的管道沟内。座地式支架结构如图 4-20 所示，座地式支架所用型钢型号见表 4-8。

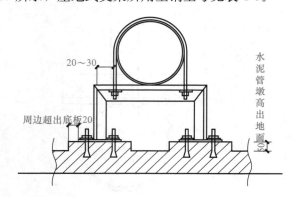

图 4-20　座地式支架结构

表 4-8　座地式支架材料适用表

支架型材	适用管道	支架底板	膨胀螺栓
└ 40×40×5	DN25～DN50	δ=8　110×110	M10×85
└ 50×50×6	DN60～DN150	δ=10　120×120	M12×100

4）挂墙式支架。挂墙式支架宜固定在混凝土墙体上和墙体结实的砖墙上。常用的挂墙式支架类型有 L 形支架、三角形支架、一字形支架。L 形挂墙式支架结构如图 4-21 所示，

立柱长度与横担长度之比为 1∶1。三角形挂墙式支架结构如图 4-22 所示。一字形挂墙式支架结构如图 4-23 所示。挂墙式支架所用型钢型号见表 4-9。

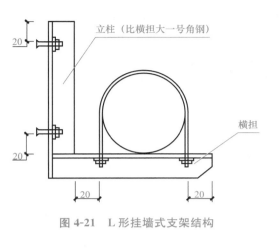

图 4-21　L 形挂墙式支架结构

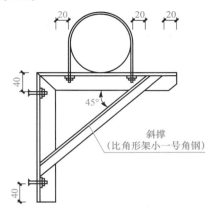

图 4-22　三角形挂墙式支架结构

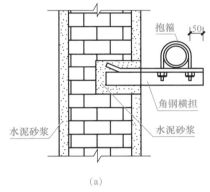

(a)

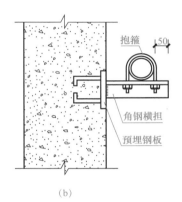

(b)

图 4-23　一字形挂墙式支架结构

(a)砖墙设一字形支架；(b)钢筋混凝土柱设一字形支架

表 4-9　挂墙式支架材料适用表

支架型材	适用管道	膨胀螺栓	备　注
∟ 40×40×5	DN50	M10×100	适用于 L 形支架和一字形支架
∟ 50×50×6	DN60～DN150	M12×100	适用于三角形支架

第四节　室内卫生器具的图示与构造

在管道工程预算中，用水设备或用水器具的排水配管也有专门的国家标准图；用水器具一般也是以"套"为单位，出现在预算定额中，"套"的意义即安装一套蹲式大便器或坐式大便器等所用到的排水管道的存水弯都包含在其中。用水设备附近用到的排水支管的长度在预算时也需要统计。

一、卫生器具常用图例

卫生器具按其作用可分为便溺用卫生器具，盥洗、沐浴用卫生器具，洗涤用卫生器具，其他专用卫生器具。卫生器具常用图例见表 4-10。

表 4-10　卫生器具常用图例

序号	名　称	图例	序号	名　称	图例
1	立式洗脸盆		9	妇女卫生盆	
2	台式洗脸盆		10	立式小便器	
3	挂式洗脸盆		11	壁挂式小便器	
4	浴盆		12	蹲式大便器	
5	化验盆、洗涤盆		13	坐式大便器	
6	带沥水板洗涤盆		14	小便槽	
7	盥洗槽		15	淋浴喷头	
8	污水池				

二、几种常用卫生器具构造

为了便于大家对排水工程的构造进行了解，首先展示几种常用卫生器具的安装及与排水支管的连接方式，如图 4-24 所示，下面再介绍各种常用卫生器具的构造。

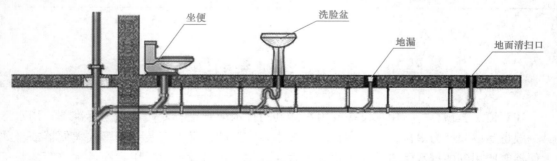

图 4-24　卫生器具与排水管连接

1. 盥洗槽安装

盥洗槽安装构造如图 4-25 所示，按照图示工程的标注位置，该盥洗槽排水支管长度为：$L=0.800+0.300=1.100(\text{m})$，注意盥洗槽的排水支管穿楼板的时候需要设置刚性套管。

2. 地漏安装

由于地漏是自带水封的，所以地漏的排水支管上一般不需要设置存水弯。地漏安装构造如图 4-26 所示。但在有些设计施工图中，地漏的排水支管也设置存水弯，原因是地漏自带水封的深度不足 5 cm。

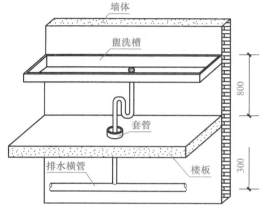

图 4-25　盥洗槽安装　　　　　　　图 4-26　地漏安装

按照图 4-26 所标注的尺寸，本工程地漏排水支管长度为：$L=1.000+0.300=1.300(\text{m})$，而地漏排支管穿楼板处不需要设置套管。

3. 污水池安装

污水池安装构造如图 4-27 所示。按照图 4-27 所标注的尺寸，本工程污水池排水支管长度为：$L=0.400+0.300=0.700(\text{m})$。污水池的排水支管穿楼板也需要设置刚性套管。

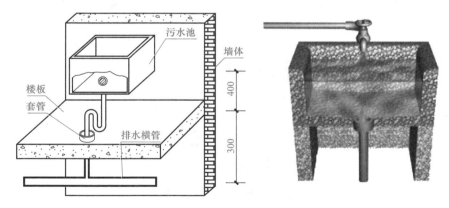

图 4-27　污水池的安装

4. 蹲式大便器安装

蹲式大便器有自带水封与不自带水封两种。自带水封的蹲式大便器安装时，排水支管上不设存水弯；不自带水封的蹲式大便器安装时，排水支管上要设存水弯。蹲式大便器又分前排水式[排水口在前，如图 4-28(a)所示]和后排水式[排水口在后，如图 4-28(b)所示]两种。工程中用得最多的是前排水蹲式大便器，不带水封的前排水蹲式大便器的安装构造如图 4-28(a)所示。按照图 4-28(a)所标注的尺寸，本工程前排水蹲式大便器排水支管长度为：$L=0.300+0.650=0.950(m)$，大便器排水支管没有穿越楼板，不需要设置套管。

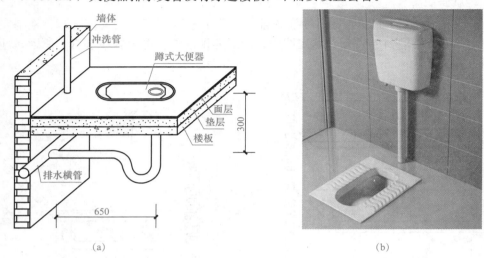

图 4-28　蹲式大便器的安装

(a)前排水蹲式大便器；(b)后排水蹲式大便器

5. 坐式大便器

坐式大便器根据排水口的位置可分为下出水和后出水形式；按冲洗方式可分为分体低位水箱和连体低位水箱。随着装修标准的提高，坐式大便器的形状、规格、颜色种类繁多，用于高级装修的建筑物内的坐便器多为豪华型，它具有外形美观、颜色与装修色调和谐、配件精致、连接严密、开启灵活、瓷质优良等特点。坐式大便器的结构形式如图 4-29 所示，一般坐便器都自带存水弯。

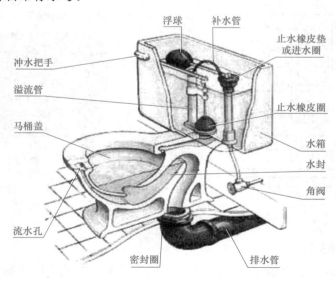

图 4-29　坐式大便器的结构形式

6. 洗脸盆

传统的洗脸盆只注重实用性，而现在流行的洗脸盆更加注重外形，其种类、款式和造型都非常独特，一般可分为立柱式脸盆、台式脸盆（台上盆、台下盆）。立柱式脸盆[图 4-30(b)]比较适合于面积偏小或使用率不是很高的卫生间，一般来说，立柱式脸盆大多设计很简单，由于可以将排水组件隐藏到主盆的柱中，因而给人以干净、整洁的外观感受。台式脸盆[图 4-30(c)]比较适合安装于面积较大的卫生间，与天然石材或人造石材制作的台面配合使用，还可以在台面下定做浴室柜，盛装卫浴用品，美观、实用。

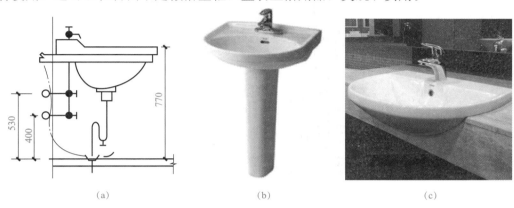

(a)   (b)   (c)

图 4-30　洗脸盆
(a)洗脸盆结构图；(b)立柱式脸盆；(c)台式脸盆

台下盆是指盆沿被台面盖住的，台面开孔和盆口同大小，整个盆体安装在台面下的一种盆子，如图 4-31(a)所示。台上盆指盆沿在台面之上，整个盆体或半个盆体是坐在台面开出的一个和盆底形状相同的孔里，盆沿在台面之上的，如图 4-31(b)和图 4-30(c)所示。台下盆显得台面更干净整洁、美观一致。而台上盆是在台面上，可以展现古典的、现代的盆体的美观，不被遮住。

(a)   (b)

图 4-31　台式洗脸盆
(a)台下盆；(b)台上盆

7. 淋浴器

淋浴比使用浴缸的盆浴更省水省空间，比较符合环保理念。在公共浴场、更衣室等不便安设浴缸的地方，淋浴更是首选。常见淋浴器结构和外观如图 4-32 所示。

8. 小便器

小便器多用于公共建筑的卫生间。现在有些家庭的卫浴间也装有小便器。小便器按结构分为冲落式和虹吸式两种；按安装方式可分为落地式和壁挂式两种。常见小便器样式及结构图如图 4-33 所示。

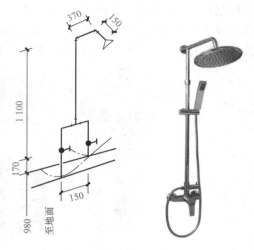

图 4-32　淋浴器结构和外观

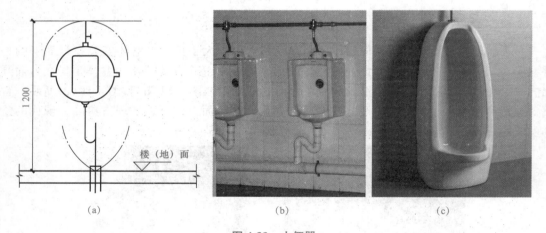

(a)　　　　　　　　　　　(b)　　　　　　　　　　(c)

图 4-33　小便器
(a)小便器给水排水简图；(b)壁挂式小便器；(c)落地式小便器

第五节　雨水排水系统构造

檐沟外排水由檐沟、水落管组成。降落在屋面的雨水沿屋面集流到檐沟，然后流入隔一定距离沿外墙设置的水落管，排至地面或雨水口，屋面排水结构如图 4-34 所示。其适用于普通住宅、一般公共建筑和小型单跨厂房。

天沟是指建筑物屋面两跨间的下凹部分。屋面排水分为有组织排水和无组织排水（自由排水）两种类型。有组织排水一般是把雨水集到天沟内再由雨水管排下，集聚雨水的沟就被称为天沟，天沟结构如图 4-35 所示。天沟可分为内天沟和外天沟。内天沟是指在外墙以内的天沟，一般有女儿墙；外天沟是挑出外墙的天沟，一般没有女儿墙。天沟多用镀锌薄钢板或石棉水泥制成，天沟排水如图 4-36 所示。

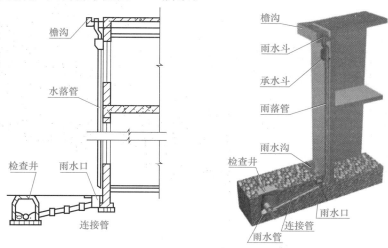

图 4-34　雨水落管外排水系统

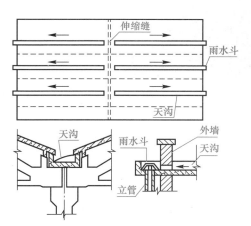

图 4-35　天沟结构

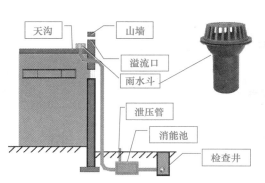

图 4-36　天沟外排水立面图

当建筑物为大屋面建筑或为了建筑物的美观，不影响建筑的外观时，也可考虑采用内排水形式。内排水系统由雨水斗、连接管、悬吊管、立管、排出管、埋地干管和检查井等组成。屋面内排水系统结构图如图4-37所示，屋面内排水系统实物图如图4-38所示。

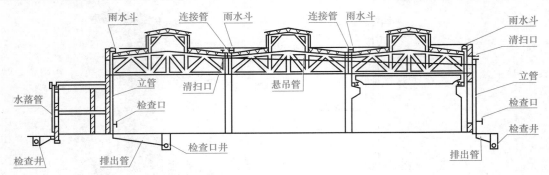

图 4-37　屋面内排水系统结构图

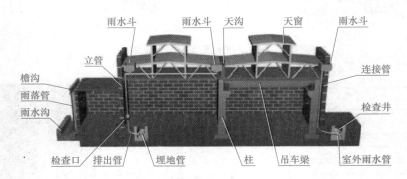

图 4-38　屋面内排水系统实物图

复习思考题

1. 一个完整的建筑排水系统由哪几部分组成？
2. 建筑物内部装设的排水管道可以分为哪几种类型？
3. 建筑内部排水系统的任务是什么？
4. 通气管的作用是什么？
5. 卫生器具按其作用分为哪几类？
6. 排水管道的固定措施有哪些？
7. 简述建筑雨水排水系统中内排水系统的排水过程及其组成。

第五章

消防工程识图与构造

知识目标

1. 掌握消火栓系统构件，了解消火栓系统构成；
2. 了解自动喷淋系统各构成部件的作用；
3. 了解自动喷淋系统的分类，掌握各喷淋系统的适用场所。

能力目标

1. 能够识读消水栓给水系统图；
2. 能够识读自动喷淋系统图。

素质目标

1. 遵守相关规范、标准和管理规定；
2. 具有严谨的工作作风、较强的责任心和科学的工作态度；
3. 具备良好的语言文字表达能力和沟通协调能力；
4. 爱岗敬业，严谨务实，团结协作，具有良好的职业操守。

室内消防给水用于建筑内初期火灾的扑灭，其目的是减少建筑火灾对人民生命财产造成的损失。所以，国家消防主管部门及消防科研部门制定了建筑方面的强制性规范，即《建筑设计防火规范》(GB 50016—2014)。

目前，建筑中常用的室内消防给水系统可分为室内消火栓消防给水系统、室内自动喷淋消防给水系统两种。

室内消火栓消防给水系统用于火灾危险较小，消防要求较低的建筑的消防灭火，例如，一般的高层住宅建筑的楼梯口、楼梯前室和消防电梯前室等均要设置消火栓，公共建筑的内廊、楼梯间前室、消防电梯前室等也要设置消火栓。

室内自动喷淋消防给水系统用于火灾危险较大、消防要求较高的建筑的消防灭火，例如，大型商场、地下车库、高层建筑等均要设置自动喷淋消防给水系统。

图纸作为工程"语言",熟悉和掌握这门"语言"是十分关键的。这对了解设计者的意图,掌握安装工程项目、安装技术、施工准备、材料消耗、工程质量、编制施工组织设计、工程施工图预算具有十分重要的意义。要识读消防工程图纸,必须熟识工程图例,表5-1为消防工程常用图例。

表5-1 消防工程常用图例

序号	名 称	图例	序号	名 称	图例
1	消火栓给水管	—— XH ——	13	干式报警阀	平面 / 系统
2	自动喷水灭火给水管	—— ZP ——	14	消防炮	
3	室外消火栓		15	湿式报警阀	平面 / 系统
4	室内消火栓(单口)	平面 系统	16	预作用报警阀	平面 / 系统
5	室内消火栓(双口)	平面 系统	17	信号闸阀	
6	水泵接合器		18	水流指示器	
7	自动喷淋头(开式)	平面 / 系统	19	水力警铃	
8	自动喷淋头(闭式)	平面 / 系统	20	雨淋阀	平面 / 系统
9	侧墙式自动喷淋头	平面 / 系统	21	末端试水装置	平面 / 系统
10	雨淋灭火给水管	—— YL ——	22	手提式灭火器	
11	水幕灭火给水管	—— SM ——	23	推车式灭火器	
12	水炮灭火给水管	—— SP ——			

注:分区管道用加注角标方式表示:如 XH_1、XH_2、ZP_1、ZP_2……

第一节　消火栓系统设备的图形与构造

一、消火栓消防给水系统及设备

消火栓消防给水系统可分为室外消火栓消防给水系统和室内消火栓消防给水系统。其中，室外消火栓消防给水系统的组成比较简单，包括室外消火栓、管道及控制阀。室内消火栓消防给水系统相对比较复杂，本节我们重点介绍室内消火栓消防给水系统的组成及设备。

1. 消火栓

消火栓是安装在消防给水管网上，向火灾场所提供灭火用水的，带有阀门的标准快速接口，是连接室内、室外消防水源的设备。室内、室外的消火栓构造是不同的，下面分别讲解两者的不同。

（1）室外消火栓。室外消火栓是指设置在建筑物外面消防给水管网上的供水设施，其主要供消防车从市政给水管网或室外消防给水管网取水实施灭火，也可以直接连接水带、水枪出水灭火，是扑救火灾的重要消防设施之一。室外消火栓实物图如图 5-1 所示。室外消火栓从安装形式上又可分为地上式和地下式两种。

地上式室外消火栓安装在建筑外部的地面上，如图 5-1 所示。其优点是目标明显，易于寻找，操作方便；缺点是可能妨碍交通，容易被车辆意外损坏，还有可能影响城市美观，在寒冷的北方地区可能被冰冻损坏。所以，地上式室外消火栓适用于冬季室外不结冰地区的城镇街道、工厂、仓库、机关、学校医院等场所。

地下式室外消火栓安装在建筑外部的地下专门的室外消火栓井里面。其优点是隐蔽性强，不影响城市美观，受车辆意外损坏的可能性小，也可防止冰冻损坏，适用于寒冷的北方地区；缺点是目标不明显，寻找、操作、维修都不方便，所以一般都要设有明显的标志。

图 5-1　室外消火栓

（2）室内消火栓箱。室内消火栓箱安装在建筑内部的消火栓消防给水管道上的某部位。消火栓箱内部配备的消防设备有室内消火栓、消防水枪、消防水龙带、消火栓箱等。室内消火栓为工厂、仓库、住宅建筑、公共建筑及船舶等室内固定消防设施。常用的室内消火栓箱有单出口消火栓和双出口消火栓两种。

1)室内单出口消火栓箱。常用室内单出口消火栓箱如图 5-2 所示。

图 5-2　室内单出口消火栓箱

2)室内双出口消火栓箱。室内双出口消火栓箱如图 5-3 所示。在住宅消火栓设计系统中，双出口消火栓逐渐退出了市场。

图 5-3　室内双出口消火栓箱
(a)单阀双出口；(b)双阀双出口；(c)双出口消火栓箱

室内消火栓是一端安装在室内消防给水管道上，另一端与水龙带(柔软的水管)相连接的消防设备。室内消火栓按出水口的直径分为 50 mm 和 65 mm 两种规格。室内消火栓的规格选用一般是根据水枪(喷水灭火的喷枪)射流的流量大小来确定：

当水枪射流的流量≤3 L/s 时，选用出水口直径为 50 mm 的室内消火栓；当水枪射流的流量＞3 L/s 时，选用出水口直径为 65 mm 的室内消火栓。

2. 消防水枪

消防水枪是喷水灭火的重要工具，一般是由铜、铝合金、优质塑料制造而成。消防水枪的作用是：将水龙带内的水流转化成需要的水流喷射到着火物体的火焰上，达到灭火、冷却或防护着火物体的目的。

消防水枪按喷出的水流的流态可分为以下三种：

(1)直流水枪。直流水枪喷出来的水流形成密集的充实水柱，具有射程远、流量大的优点，可用于远距离扑救一般固体物的火灾。

充实水柱是从喷嘴至密集射流 90% 的水量穿过直径 38 cm 圆圈处的一段密集射流的长度。水柱长度的范围为 7～15 m(包括 7 m 和 15 m)。小于 7 m 将难以接近火源，大于 15 m

则反冲力过大。直流水枪及喷射水柱形状如图 5-4 所示。

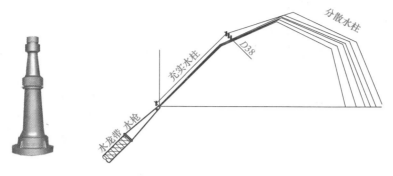

图 5-4　直流水枪

　　水枪的喷嘴直径有 13 mm、16 mm、19 mm 三种。一般 13 mm 和 16 mm 的水枪可与 50 mm 的消火栓及消防水龙带配套使用，16 mm 和 19 mm 的水枪可与 65 mm 消火栓及水龙带配套使用。

　　（2）开花水枪。开花水枪喷出来的水流成开花状，即水龙带内的压力水流通过喷枪喷射形成伞形水屏障，可用作冷却容器外壁面，阻隔辐射热，阻止火势蔓延，掩护灭火人员靠近火灾的着火点。开花水枪及喷射水柱形状如图 5-5 所示。

图 5-5　开花水枪

　　（3）喷雾水枪。喷雾水枪利用离心力的作用，使水龙带内的压力水流雾化变成水雾，再利用水雾中的细小水滴与烟尘中的炭粒子结合沉降的原理，达到消烟的效果，以减少高温辐射和烟熏的危害。喷雾水枪喷出来的水雾，适用于扑救阴燃物质的火灾，低燃点石油产品的火灾，浓硫酸、浓硝酸或稀释浓度高的强酸场所的火灾，不能用于扑救油类火灾及油浸式变压器、多油式断路器等电器设备的火灾。喷雾水枪及喷射水柱形状如图 5-6所示。

　　3. 消防水龙带

　　消防水龙带是两端带有消防快速接口的输水（或其他液体灭火剂）软管，它可以与消火栓、消防水泵、消防车接口相互连接。消防水龙带一般由麻织和棉织两种材质织造而成，还可以在水龙带内外再做衬胶处理。经过衬胶处理后的水龙带虽然对水的阻力小，但抗折断性能差。水龙带的直径有 50 mm 和 65 mm 两种，长度有 15 m、20 m、25 m、30 m 四种。消防水龙带结构如图 5-7 所示。

图 5-6　喷雾水枪

4. 消防卷盘

消防卷盘又称水喉，是安装在室内消火栓箱内的消防灭火设备。消防水喉设备为小口径自救式消火栓设备。它可供商场、宾馆、仓库以及高、低层公共建筑内的服务人员、工作人员和一般人员进行初期火灾扑灭。水喉的体积小，操作轻便，能在空间内作 360°转动。

水喉由阀门、输水管路、卷盘、软管、喷枪、固定支架、活动转臂组成。水喉配备的胶带的内径不小于 19 mm，胶带软管的长度有 20 m、25 m、30 m 三种；水喉的枪口喷嘴直径不小于 6 mm。可以配直流或喷雾两种喷枪。消防卷盘如图 5-8 所示。

图 5-7　消防水龙带

图 5-8　消防卷盘

5. 水泵接合器

水泵接合器安装在室外并与室内消防给水系统相连接，作用是当建筑某处发生火灾而室内消防水池或消防水箱储备的水用完的时候，便于消防车向室内消防给水系统注水继续灭火。水泵接合器是建筑物外部的水源向室内消防给水系统供水的快速接口。

因为建筑物内部或屋顶的消防水池、水箱储备的水量使用时间是有限的（10 min 或 30 min），当建筑发生火灾时，建筑物内部或屋顶的消防水池、水箱储备的水用完时，消防车辆也已经赶到火灾现场，这时消防车（车上有一个加压水泵，水泵的进口端用软管快速接头连接室外消火栓或室外水源，出口端也用软管快速接头连接在水泵接合器上）通过水泵接合器向室内消防给水系统充水继续灭火。水泵接合器实物如图 5-9 所示。

图 5-9　水泵接合器

水泵接合器配置的部件或阀件有闸阀、止回阀、安全阀和放水阀等。其中，闸阀起开关作用，平时处于常开状态；止回阀的作用是防止消防给水管道系统内的水倒流；安全阀的作用是保证消防给水管道系统内的水压不大于 1.6 MPa，防止消防给水管道系统超压造成管道爆裂；放水阀（主要用于北方寒冷地区安装开式自动喷淋头的自动喷淋消防给水系统配置的水泵结合器上）的作用是排除消防管道系统内残留的水，防止冰冻冻坏消防管道系统，以及避免残留在管道内的水锈蚀管道。

水泵接合器根据安装形式有地下式、地上式、墙壁式和多用式几种。

在某个建筑的外部安装水泵接合器的数量，是根据室内消防给水系统的用水量来确定的。每个水泵接合器的流量为 10～15 L/s（合 36～54 m³/h）。规范规定当计算出来的水泵接合器的数量少于 2 个时，要设计安装 2 个，以保证消防用水安全；消防给水系统如果在建筑的垂直方向分区供水时，应在消防车的供水压力范围内进行分区，并应分别设置水泵接合器。

水泵接合器要设置在便于消防车使用的地点，并要有明显标志，以免误认为是室外消火栓。同时，水泵接合器周围 15～40 m 范围内要有室外消火栓（或室外水源）或消防水池、可靠的天然水源。

6. 室内消火栓消防给水管道系统

前面的 1～5 部分是室内消火栓消防给水系统用到的设备，这些设备要用管道连接起来，使其形成一个室内消火栓消防给水系统，只有这样才能够用于建筑的火灾灭火，也就是说上面单个的设备是不能用于建筑的火灾灭火的。

二、室内消火栓消防给水系统的给水方式

室内消火栓消防给水系统的给水方式是根据建筑的高度、室外给水管网的水压和水量，以及室内消防管道对水压和水的流量的要求来确定的。

常用的几种室内消火栓消防给水系统的给水方式有以下几种。

1. 室外管网直接给水的室内消火栓消防给水系统

室外管网直接给水的消防给水系统的适用条件是：室外管网的水压、流量任何时候都能满足室内消火栓给水系统中最不利用水点消火栓的设计水压和设计流量的要求。室外管网直接给水的消防给水系统如图 5-10 所示，由图可见，由室外管网直接给水的室内消火栓消防管道系统要设计成环状管网，并且在建筑的不同方向与室外给水管网要有两路引入连接管，即要有两路水源。当其中一条发生故障时，其余的干管仍能通过消防用水总量。

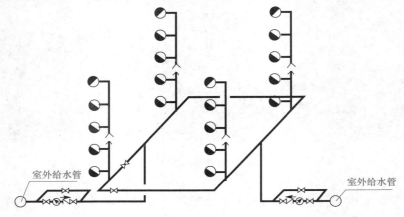

图 5-10　室外管网直接给水的室内消火栓消防给水系统图

2. 设有加压水泵和水箱的室内消火栓消防给水系统

设有加压水泵和水箱的室内消火栓消防给水系统的适用条件是：室外给水管网的水压和水量经常不满足室内消火栓消防给水系统所需要的水压与水量的要求。设有加压水泵和水箱的室内消火栓消防给水系统如图 5-11 所示。

由图中可以看出，室内消防管道系统要设计成环状管网，并且也要与室外给水管网有两路以上连接管（两路以上水源）。同时，屋顶消防水箱储备的水量要有 10 min 的消防用水量，消防水泵应当保证在火警报警 5 min 内开启工作，并且在火场断电时仍然能正常工作。

3. 不分区给水方式的室内消火栓消防给水系统

不分区给水方式的室内消火栓消防给水系统的适用条件是：高度大于 24 m，但小于 50 m 的一般高层建筑，室内消火栓接口处的静水压力不大于 1.0 MPa，构造如图 5-12 所示。

这种消火栓消防给水系统在地下设置一个消防和生活蓄水池，地下消防和生活蓄水池内的蓄水量随时都要满足室内消防规范的要求，平时不能将水用到少于消防需要的最小用水量，屋顶需设置两个消防和生活水箱。当建筑发生火灾时，启动消防水泵向室内消火栓消防给水系统充水作为消防灭火用。地下消防水池储存的水即将用完的时候，消防车基本

赶到火灾现场，这时利用消防车将室外的水源通过水泵接合器充入室内消火栓消防给水管道系统内继续消防灭火。

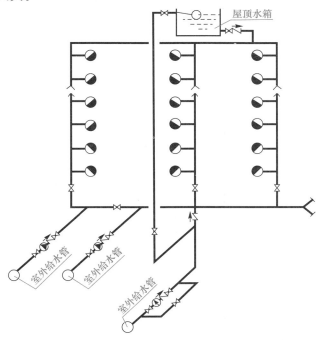

图 5-11　设有加压水泵与水箱的消火栓给水系统图

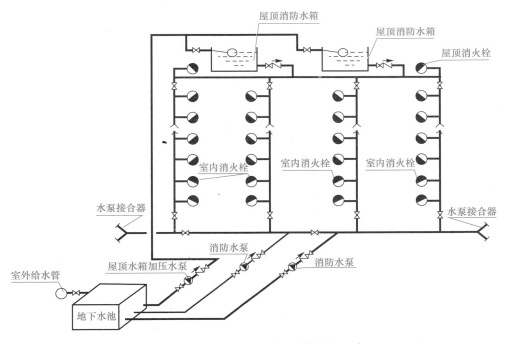

图 5-12　不分区给水方式的消火栓给水系统图

4. 分区给水方式的室内消火栓消防给水系统

分区给水方式的室内消火栓消防给水系统的适用条件是：高度大于 50 m 的高层建筑，消防车难以协助灭火，室内消火栓给水系统具有扑灭建筑内大火的能力，为了加强安全和保证火灾场所的供水，室内消火栓栓口的静水压力不应大于 1.0 MPa，当大于 1.0 MPa 时，应采取分区给水系统。消火栓栓口的出水压力大于 0.5 MPa 时，应设置减压设施。

分区给水方式的室内消火栓消防给水系统设计包括并联分区给水方式（图 5-13）、串联分区给水方式（图 5-14）、减压阀分区给水方式（图 5-15）三种。

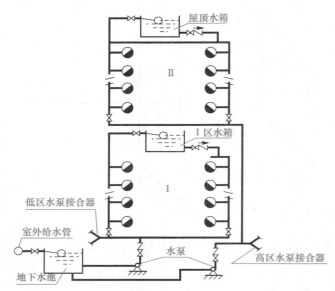

图 5-13　并联分区给水方式图

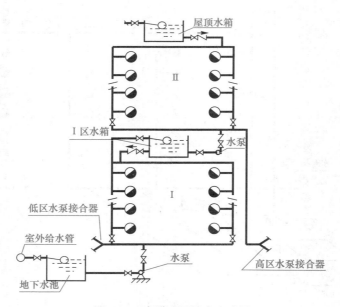

图 5-14　串联分区给水方式图

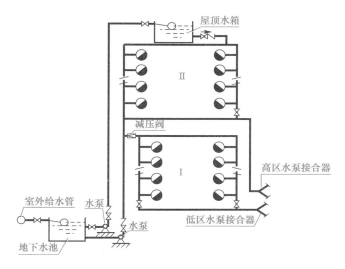

图 5-15　减压阀分区给水方式图

需要注意的是，在分区给水方式的室内消火栓消防给水系统中，各分区消防水箱的安装高度要保证最不利用水点消火栓灭火时水枪充实水柱的长度。

在串联分区系统中，由于高区水泵在低区上部的水箱中取水，所以，当建筑的高区发生火灾时，必须同时启动高、低两区的消防水泵进行灭火。

由于并联分区各分区消防水泵是独立的，所以，建筑中哪个分区发生火灾就启动哪个分区的消防水泵打水灭火。

减压分区给水方式的室内消火栓消防给水系统，低区和高区管路之间设置有减压阀，水泵将水池中的水送入高区水箱，通过减压阀减压后进入低区。应注意的是：采用减压阀分区给水系统一般不宜超过 2 个分区。

第二节　自动喷淋系统部件图形与构造

消防喷淋系统是一种消防灭火装置，是目前应用十分广泛的一种固定消防设施，它具有价格低廉、灭火效率高等特点。根据功能不同可以分为人工控制和自动控制两种形式。

（1）人工控制系列。人工控制就是当发生火灾时需要工作人员打开消防泵为主干管道提供压力水，喷淋头在水压作用下开始工作。人工控制系列消防喷淋系统组成部件由消防泵、水池、主干管道、喷淋头、末端排水装置组成。

（2）自动控制系列。自动控制消防喷淋系统是一种在发生火灾时，能自动打开喷头喷水灭火，同时发出火灾报警信号的消防灭火设施。自动喷淋灭火系统具有自动喷水、自动报警和初期火灾降温等优点，并且可以和其他消防设施同步联动工作，因此，它能有效控制、扑灭初期火灾。自动控制系列现已广泛应用于各种建筑消防中。常用的自动消防喷淋系统分为感烟式和感温式两种。

自动喷淋灭火系统的部件由水池、阀门、水泵、气压罐控制箱、主干管道、屋顶水箱、分支次干管道、信号蝶阀、水流指示器、分支管、喷淋头、排气阀、末端排水装置组成。

1. 喷淋头

喷淋头安装在室内自动喷淋消防给水系统管道上，其作用是当建筑内部某处发生火灾时向火灾区域自动喷水灭火。由于自动喷淋头有开式、闭式、侧墙式、侧喷式、上下喷水式，还有向下安装、向上安装等，所以图例也就较多。

（1）开式喷淋头安装。安装开式喷头的自动喷淋消防给水系统，管道系统内平时是不充水的。当建筑内部发生火灾时，通过报警系统启动消防给水泵向消防管道内充水，再由开式喷头向火灾区域喷水灭火。开式喷淋头如图 5-16 所示。

图 5-16　开式喷淋头

（2）闭式自动喷淋头向下安装。安装闭式喷淋头的自动喷淋消防给水系统，管道系统内平时充满了高压水（或高压气体，用于北方寒冷地区）。火灾发生的初期，建筑物的温度随之不断上升，当温度上升到以闭式喷头温感元件爆破或熔化脱落时，温感闭式自喷头自动打开，消防管道系统内的高压水，由闭式自喷头向火灾区域喷水灭火，同时要启动消防给水泵不断地向管道系统内充水。在南方的实际工程中这种闭式自喷头用得较多。常见闭式自动喷淋头如图 5-17 所示。

图 5-17　闭式自动喷淋头

（3）闭式自动喷淋头向上安装。闭式自动喷淋头向上安装一般用于车库的自动喷淋消防给水系统上；因这种安装自喷头距离建筑顶板近，所以不需要集热盘。另外，也可提高车库有效空间的高度，避免自喷头被车辆碰掉。闭式自动喷淋头向上安装工程图如图 5-18 所示。

（4）侧喷式自动喷淋头如图 5-19 所示。

图 5-18　闭式自动喷淋头向上安装工程图

图 5-19　侧喷式自动喷淋头

侧墙式喷头的给水管道由墙面引出，管道及喷头与墙面垂直；侧喷式喷头的给水管道与普通喷头一样，还是垂直引下来的，喷头也是垂直安装的。它们各自通过自身特殊的溅水盘构造控制喷水方式。

闭式喷头可分为易溶金属式、双金属片式和玻璃球式三种。其中以玻璃球式应用最多。正常情况下，喷头处于封闭状态。当有火灾发生且温度达到动作值时喷头开启喷水灭火。玻璃球喷头是自动喷水灭火系统中关键的部件：它用来感觉火灾，并通过玻璃球的爆裂来启动自动喷水灭火系统从而实现控火或灭火的目的。玻璃球洒水喷头既可广泛用于保护宾馆、商厦、仓储库房、车库、办公楼、医院、影剧院、服装厂、生产车间等轻、中危险等级场所，也可保护严重危险级的建筑物。

ZST 系列玻璃球洒水喷头是由铜合金框架、玻璃球、密封件、玻璃球座、螺钉和溅水盘等装配而成，如图 5-20 所示。它结构紧凑、外形精巧美观。喷头框架采用高强度铜合金精密锻造，其具有强度高、耐腐蚀性好的特点。感温热敏元件（玻璃球）采用国内外优质产品，玻璃球强度高，动作可靠，反应速度快。玻璃球直径：$\phi 3$（快速响应）、$\phi 5$（特殊响应）。喷头公称动作温度、最高环境温度及色标见表 5-2，不同温度适用的喷头如图 5-21 所示。

图 5-20　玻璃球洒水喷头结构

图 5-21　不同温度适用的喷头

表 5-2　喷头公称动作温度、最高环境温度及色标

喷头型号	公称动作温度/℃	最高环境温度/℃	玻璃球充液颜色
ZST 15(20)—57 ℃	57	27	橙
ZST 15(20)—68 ℃	68	38	红
ZST 15(20)—79 ℃	79	49	黄
ZST 15(20)—93 ℃	93	63	绿
ZST 15(20)—141 ℃	141	111	兰
ZST 15(20)—182 ℃	182	152	紫

早期快速响应喷头采用易熔合金为温感元件，喷头的释放组件采用易熔金属"捆绑式"结构，易熔金属喷头的稳定性和消除材料热胀冷缩应力的性能优于玻璃泡"支撑式"结构，易熔金属喷头能够有效防止因喷头安装过程中轻微碰撞和热胀冷缩引起的误喷现象。易熔金属喷头如图 5-22 所示。

图 5-22　易熔金属喷头

2. 报警阀

报警阀是自动喷水灭火系统中接通或切断水源，并启动报警器的装置。在自动喷水灭火系统中，报警阀是至关重要的组件，其作用有：接通或切断水源；输出报警信号和防止水流倒回供水水源；通过报警阀可以对系统的供水装置和报警装置进行检验。

报警阀根据系统的不同可分为干式报警阀、湿式报警阀、预作用式报警阀和雨淋阀。

(1)干式报警阀(图 5-23)。干式报警阀用于干式喷水灭火系统。它的阀瓣将阀门分成两部分，出口侧与系统管路和喷头相连，内充压缩空气，进口侧与水源相连。干式阀门利用两侧气压和水压作用在阀瓣上的力矩差控制阀瓣的封闭和开启，一般可分为差动型干式报警阀和封闭型干式报警阀两种。

（2）湿式报警阀（图5-24）。湿式报警阀用于湿式喷水灭火系统。它的主要功能是在喷头开启时，湿式阀能自动打开，并使水流入水力警铃发出报警信号。

（3）预作用式报警阀。预作用式报警阀用于预作用喷水灭火系统上。预作用式报警阀如图5-25所示，预作用式报警阀工作原理如图5-26所示。

图5-23　干式报警阀

图5-24　湿式报警阀

图5-25　预作用式报警阀

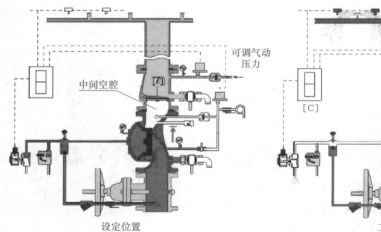

设定位置

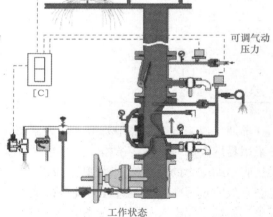

工作状态

图5-26　预作用式报警阀工作原理图

（4）雨淋阀（图5-27）。雨淋阀用于雨淋喷水灭火系统、预作用喷水灭火系统、水幕系统和水喷雾灭火系统。这种阀的进口侧与水源相连，出口侧与系统管路和喷头相连，一般为空管，仅在预作用系统中充气。雨淋阀的开启由各种火灾探测装置控制。报警阀是自动喷水灭火系统中接通或切断水源，并启动报警器的装置。

3. 水流指示器

水流指示器是观察管道内介质流动情况的必要附件，用于石油、化工、化纤、医药、食品等工业生产装置中，能随时观察液体、气体、蒸汽等介质的流动反应情况，其是保障正常生产不可缺少的附件。水流指示器根据构造可分为桨片式、叶轮式和触点式三种形式。桨片式水流指示器是通过水的流动，推动桨片运动，带动传动杆，并接触微动开关，使其打开或关闭，输出线路接通消防控制中心；叶轮式水流指示器与桨片式水流指示器类似，通过水的流动，推动叶轮旋转触发信号传输；触点式水流指示器也是通过水流使设在指示器内的触点接通，并输出信号至消防控制台，再联动灭火设备的启动。水流指示器实物如图5-28所示。

图 5-27　雨淋阀

(a)

(b)

图 5-28　水流指示器
(a)桨片式；(b)叶轮式

水流指示器按照连接方法又可分为螺纹式水流指示器、焊接式水流指示器、法兰式水流指示器、插入式水流指示器、马鞍式水流指示器等。水流指示器连接形式如图5-29所示。

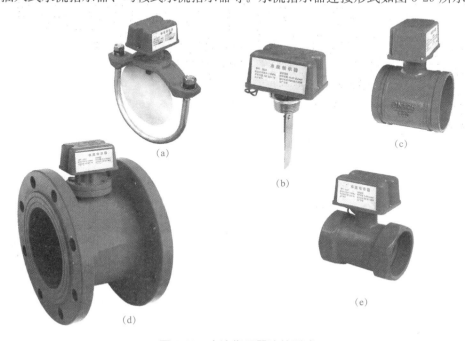

(a)

(b)

(c)

(d)

(e)

图 5-29　水流指示器连接形式
(a)马鞍式；(b)插入式；(c)沟槽式；(d)法兰式；(e)螺纹式

水流指示器应水平安装，且有方向性。它可以安装在主供水或横杆水管上，给出某一分区域小区域水流动的电信号，此电信号可送到电控箱，也可用于启动消防水泵的控制开关管道上。

4. 末端测试阀

末端测试阀安装在自动喷淋消防给水系统的末端，其作用是验收检测自动喷淋消防给水系统是否达到国家消防规范的要求。末端试水装置如图5-30所示。末端试水阀就是一个阀门。末端试水装置是一套装置，带压力表等。

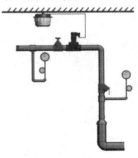

图 5-30 末端试水装置

第三节 自动喷水灭火系统的分类

自动喷水灭火系统根据被保护建筑物的性质和火灾发生、发展特性的不同，可以有许多不同的系统形式。通常，根据系统中所使用的喷头形式的不同，可分为闭式自动喷水灭火系统和开式自动喷水灭火系统两大类。

闭式自动喷水灭火系统包括：湿式自动喷水灭火系统、干式自动喷水灭火系统、干湿交替式自动喷水灭火系统、预作用自动喷水灭火系统、重复启闭预作用自动喷水灭火系统。

开式自动喷水灭火系统包括：雨淋灭火系统、水幕灭火系统、水喷雾灭火系统。

闭式自动喷水灭火系统采用闭式喷头，它是一种常闭喷头，喷头的感温、闭锁装置只有在预定的温度环境下，才会脱落，开启喷头。因此，在发生火灾时，这种喷水灭火系统只有处于火焰之中或临近火源的喷头才会开启灭火。

开式自动喷水灭火系统采用的是开式喷头，开式喷头不带感温、闭锁装置，处于常开状态。当发生火灾时，火灾所处的系统保护区域内的所有开式喷头一起出水灭火。

1. 湿式自动喷水灭火系统

湿式自动喷水灭火系统是世界上使用时间最长，应用最广泛，在控火、灭火系统中使用频率最高的一种闭式自动喷水灭火系统。目前，世界上已安装的自动喷水灭火系统中有70％以上采用了湿式自动喷水灭火系统。

（1）系统的组成和工作原理。湿式自动喷水灭火系统一般包括闭式喷头、管道系统、湿式报警阀和供水设备。湿式报警阀的上下管网内均充以压力水。当火灾发生时，火源周围环境温度上升，导致火源上方的喷头开启、出水，管网压力下降，报警阀后压力下降致使湿式报警阀阀板开启，接通管网和水源，供水灭火。与此同时，部分水由阀座上的凹形槽经报警阀的信号管，带动水力警铃发出报警信号。如果管网中设有水流指示器，水流指示器感应到水流流动，也可发出电信号。如果管网中设有压力开关，当管网水压下降到一定值时，也可发出电信号，启动水泵供水。湿式自动喷水灭火系统的工作原理图如图 5-31 所示。

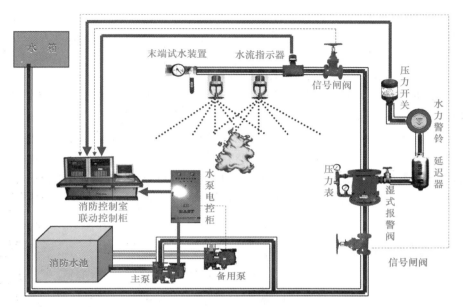

图 5-31　湿式自动喷水灭火系统的工作原理图

(2)系统的适用范围。湿式自动喷水灭火系统在环境温度不低于 4 ℃且不高于 70 ℃的建筑物和场所都可采用，不能用水扑救的建筑物和场所除外。

2. 干式自动喷水灭火系统

干式自动喷水灭火系统主要是用于某些不适宜采用湿式系统的场所。虽然干式系统灭火效率不如湿式系统，造价也高于湿式系统，但由于它的特殊用途，至今仍受到人们的重视。

(1)系统的组成和工作原理。干式系统主要由闭式喷头、管网、干式报警阀、充气设备、报警装置和供水设备组成。平时报警阀后管网充有压力气体，水源至报警阀前端的管段内充有压力水。干式自动喷水灭火系统在火灾发生时，火源处温度上升，使火源上方喷头开启，首先排出管网中的压缩空气，于是报警阀后管网压力下降，干式报警阀阀前压力大于阀后压力，干式报警阀开启，水流向配水管网，并通过已开启的喷头喷水灭火。

干式系统平时报警阀上下阀板压力保持平衡，当系统管网有轻微漏气时，由空压机进行补气，安装在供气管道上的压力开关监视系统管网的气压变化状况。

(2)系统的适用范围。干式自动喷水灭火系统适用于环境温度低于 4 ℃和高于 70 ℃的建筑物和场所，如不采暖的地下停车场、冷库等。喷头应向上安装，或采用干式下垂型喷头。

3. 干湿交替式自动喷水灭火系统

干湿交替式自动喷水灭火系统是交替使用干式系统和湿式系统的一种闭式自动喷水灭火系统。报警阀为干湿两用报警阀或干式报警阀与湿式报警阀组合阀。其工作原理与干式、湿式系统相同。

4. 预作用自动喷水灭火系统

(1)系统的组成和工作原理。预作用自动喷水灭火系统主要由闭式喷头、管网系统、预作用阀组、充气设备、供水设备、火灾探测报警系统等组成。

预作用系统，平时预作用阀后管网充以低压压缩空气或氮气(也可以是空管)，火灾时，由火灾探测系统自动开启预作用阀，使管道充水呈临时湿式系统。因此，要求火灾探测器的动作先于喷头的动作，而且应确保当闭式喷头受热开放时管道内已充满了压力水。从火灾探测器动作并开启预作用阀开始充水，到水流流到最远喷头的时间，应不超过 3 min，水流在配水支管中的流速不应大于 2 m/s，以此来确定预作用系统管网最长的保护距离。

当发生火灾时，由火灾探测器探测到火灾，通过火灾报警控制箱开启预作用阀，或手动开启预作用阀，向喷水管网充水，当火源处温度继续上升，喷头开启迅速出水灭火。如果发生火灾时，火灾探测器发生故障，没能发出报警信号启动预作用阀，而火源处温度继续上升，使得喷头开启，导致管网中的压缩空气气压迅速下降，由压力开关探测到管网压力骤降的情况并发出报警信号。通过火灾报警控制箱也可以启动预作用阀，启动灭火。因此，对于充气式预作用系统，即使火灾探测器发生故障，预作用系统也能正常工作。预作用自动喷水灭火系统的工作原理如图 5-32 所示。

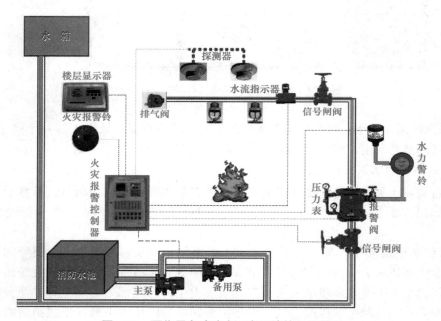

图 5-32　预作用自动喷水灭火系统的工作原理

(2)适用范围。预作用系统同时具备了干式喷水灭火系统和湿式喷水灭火系统的特点，而且还克服了干式喷水灭火系统控火灭火率低，湿式系统易产生水渍的缺陷。因此，预作用系统可以用于干式系统、湿式系统和干湿式系统所能使用的任何场所，而且还能用于一些这三个系统都不适宜的场所。

5. 重复启闭预作用自动喷水灭火系统

从湿式自动喷水灭火系统到预作用自动喷水灭火系统，闭式自动喷水灭火系统得到了很大的发展，不仅其功能日趋完善，而且又发展了一种新的自动喷水灭火系统，这种系统不但能自动喷水灭火，而且当火被扑灭后又能自动关闭；当火灾再发生时，系统仍能重新启动喷水灭火，这就是重复启闭预作用自动喷水灭火系统。重复启闭自动喷水灭火系统的组成和工作原理与预作用系统相似。重复启闭预作用自动喷水灭火系统的特点如下：

（1）功能优于以往所有的喷水灭火系统，其使用范围不受控制。

（2）系统在灭火后能自动关闭，节省消防用水，最重要的是能将由于灭火而造成的水渍损失减轻到最低限度。

（3）火灾后喷头的替换，可以在不关闭系统，系统仍处于工作状态的情况下马上进行，平时喷头或管网的损坏也不会造成水渍破坏。

（4）系统断电时，能自动切换转用备用电池操作，如果电池在恢复供电前用完，电磁阀开启，系统转为湿式系统形式工作。

（5）重复启闭预作用自动喷水灭火系统造价较高，一般只用在特殊场合。

6. 雨淋系统

雨淋系统为开式自动喷水灭火系统的一种，系统所使用的喷头为开式喷头，发生火灾时，系统保护区域上的所有喷头一起喷水灭火。

（1）系统的组成。雨淋系统通常由三部分组成：火灾探测传动控制系统、自动控制成组作用阀门系统、带开式喷头的自动喷水灭火系统。其中，火灾探测传动控制系统可采用火灾探测器、传动管网或易熔合金锁封来启动成组作用阀。火灾探测器、传动管网、易熔合金锁封控制属自动控制手段。当采用自动手段时，还应设手动装置备用。自动控制成组作用阀门系统，可采用雨淋阀或雨淋阀加湿式报警阀。

雨淋系统可分为空管式雨淋系统和充水式雨淋系统两大类型。充水式雨淋系统的灭火速度比空管式雨淋系统快，实际应用时，可根据保护对象的要求来选择合适的形式。

在实际应用中，雨淋系统可能由许多不同的组成形式，但其工作原理大致相同。因雨淋系统采用的是开式喷头，所以，喷水是整个保护区域内同时进行的。发生火灾时，由火灾探测系统感知到火灾，控制雨淋阀开启，接通水源和雨淋管网，喷头出水灭火。雨淋系统的工作原理图如图 5-33 所示。

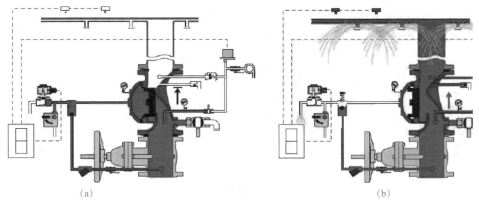

| (a) | (b) |

图 5-33　雨淋系统的工作原理图
（a）阀门关闭（设定位置）；（b）阀门打开（工作状态）

（2）适用范围。雨淋系统适用于燃烧猛烈、蔓延迅速的严重危险建筑构成场所，如剧院舞台上部、大型演播室、电影摄影棚等。如果在这些建筑物中采用闭式自动喷水灭火系统发生火灾时，只有火焰直接影响到喷头才被开启喷水，且闭式喷头开启的速度慢于火势蔓延的速度。因此，不能迅速出水控制火灾。

（3）雨淋系统的主要特点。

1）雨淋系统反应快。它是采用火灾探测传动控制系统来开启系统的。由于火灾发生到火灾探测传动控制系统报警的时间短于闭式喷头开启的时间，所以，雨淋系统的反应时间比闭式自动喷水灭火系统快得多。如果采用充水式雨淋系统，则其反应速度更快，更利于尽快出水灭火。

2）系统灭火控制面积大、用水量大。雨淋系统采用的是开式喷头，发生火灾时，系统保护区域内的所有喷头一起出水灭火，能有效地控制火灾，防止火灾蔓延，初期灭火用水量就很大，有助于迅速扑灭火灾。

7. 水幕系统

水幕系统是开式自动喷水灭火系统的一种。水幕系统喷头成1～3排排列，将水喷淋成水幕状，具有阻火、隔火作用，能阻止火焰穿过开口部位，防止火势蔓延，冷却防火隔绝物，增强其耐火性能，并能扑灭局部火灾。

（1）系统的组成和工作原理。水幕系统的组成与雨淋系统一样，主要由火灾探测传动控制系统、控制阀门系统、带水幕喷头的自动喷水灭火系统三部分组成。

水幕系统的作用方式和工作原理与雨淋系统相同。当发生火灾时，由火灾探测器或人发现火灾，电动或手动开启控制阀，然后系统通过水幕喷头喷水，进行阻火、隔火或冷却防火隔断物。控制阀可以是雨淋阀、电磁阀和手动闸阀。

（2）系统的主要特点。水幕系统是自动喷水灭火系统中唯一的一种不以灭火为主要目的的系统。水幕系统可安装在舞台口、门窗、孔洞用来阻火、隔断火源，使火灾不致通过这些通道蔓延。水幕系统还可以配合防火卷帘、防火幕等一起使用，用来冷却这些防火隔断物，以增强它们的耐火性能。水幕系统还可作为防火分区的手段，在建筑面积超过防火分区的规定要求，而工艺要求又不允许设置防火隔断物时，可采用水幕系统来代替防火隔断设施。水幕系统布置如图5-34所示。

图5-34　水幕系统

（3）水幕系统的适用范围。

1）超过1 500个座位的剧院和超过2 000个座位的会堂、礼堂的舞台口，以及与舞台相连的侧台、后台的门窗洞口。

2）防火卷帘和防火幕的上部。

3）应设置防火墙、防火门等隔断物，而又无法设置的开口部位。相邻建筑之间的防火间距不能满足要求时，面向相邻建筑物的门、窗、孔洞处以及可燃的屋檐下。

8. 水喷雾灭火系统

水喷雾灭火系统是将高压水通过特殊构造的水雾喷头，呈雾状喷出，雾状水滴的平均粒径一般为 100～700 μm。水雾喷向燃烧物，通过冷却、窒息、稀释等作用扑灭火灾。

水喷雾灭火系统属于开式自动喷水灭火系统的一种。

（1）系统的组成和工作原理。水喷雾灭火系统根据需要可设计成固定式或移动式两种。移动式是从消火栓或消防水泵上接出水带，安装喷雾水枪。移动式可作为固定式水喷雾系统的辅助系统。

固定式水喷雾灭火系统的组成一般由水喷雾喷头、管网、高压水供水设备、控制阀、火灾探测自动控制系统等组成。

水喷雾灭火系统，平时管网里充以低压水，火灾发生时，由火灾探测器探测到火灾，通过控制箱，电动开启着火区域的控制阀，或由火灾探测传动系统自动开启着火区域的控制阀和消防水泵，管网水压增大，当水压大于一定值时，水喷雾头上的压力起动帽脱落，喷头一起喷水灭火。水喷雾灭火系统效果图如图 5-35 所示。

图 5-35　水喷雾灭火系统效果图

（2）系统的适用范围和主要特点。水喷雾系统主要用于扑救贮存易燃液体场所贮罐的火灾，也可用于有火灾危险的工业装置，有粉尘火灾（爆炸）危险的车间，以及电气、橡胶等特殊可燃物的火灾危险场所。

使用水喷雾灭火系统时，应综合考虑保护对象性质和可燃物的火灾特性，以及周围环境等因素。

下列情况不应使用水喷雾灭火系统：

1）与水混合后起剧烈反应的物质，与水反应后发生危险的物质；

2）没有适当的溢流设备，没有排水设施的无盖容器；

3）装有加热运转温度 126 ℃以上的可燃性液压无盖容器；

4）高温物质和蒸馏时容易蒸发的物质，其沸腾后溢流出来的物质造成危险情况时；

5）对于运行时表面温度在 260 ℃以上的设备，当直接喷射会引起严重损坏设备的情况时。

水喷雾系统的主要特点是：水压高，喷射出来的水滴小，分布均匀，水雾绝缘性好，在灭火时能产生大量的水蒸气，具有冷却灭火、窒息灭火作用。

9. 自动喷水灭火系统分类

自动喷水灭火系统是这类灭火设施的总称。

自动喷水灭火系统按洒水喷头的形式不同，有闭式系统和开式系统之分；按适用场所和工况不同，有湿式系统、干式系统、预作用系统、重复启闭预作用系统、干湿式交替系统和闭式自动喷水—泡沫联用灭火系统等多种闭式系统；开式系统也有雨淋系统、水幕系统和开式自动喷水—泡沫联用灭火系统之分。

湿式、干式系统应在开放一只喷头后自动启动，预作用、雨淋系统应在火灾探测器动作报警时自动启动。民用建筑大多都为湿式系统。

10. 各系统适用范围

(1)湿式系统，用于环境温度不低于 4 ℃，且不高于 70 ℃的场所。

(2)干式系统，用于环境温度低于 4 ℃，或高于 70 ℃的场所。

(3)预作用系统，用于系统处于准工作状态时，严禁管道漏水的场所；严禁系统误喷的场所；替代干式系统的场所。

(4)重复启闭预作用系统，用于灭火后必须及时停止喷水的场所。

(5)雨淋系统，用于火灾的水平蔓延速度快、闭式喷头的开放不能及时使喷水有效覆盖着火区域的场所；严重Ⅱ级场所；室内净空高度超过有关规定，且必须迅速扑救初期火灾的场所。

11. 喷淋系统工程工程实例

某大型商业建筑，主体地上四层，地下一层，建筑高度为 14.10 m，按规定设置了自动喷水灭火系统，其中地上商业均采用格栅类通透顶棚，地下车库均不设顶棚，该商业建筑在地下一层设有 288 m³ 的消防和生活合用的消防水池一座，并分成能独立使用的两个水池，水池的有效容积和补水时间均符合要求。图 5-36 所示为地下室的喷淋系统平面图，图 5-37所示为该工程的喷淋系统系统图。

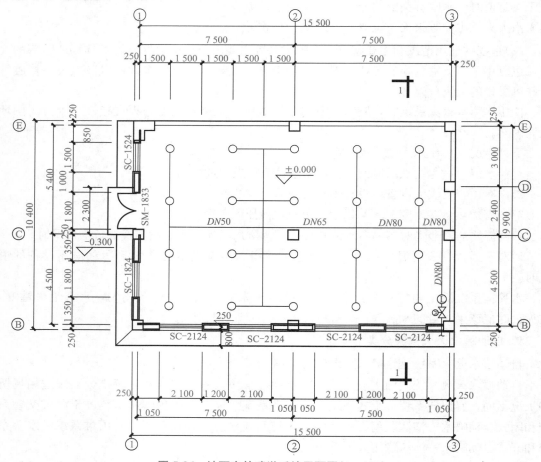

图 5-36　地下室的喷淋系统平面图(1∶100)

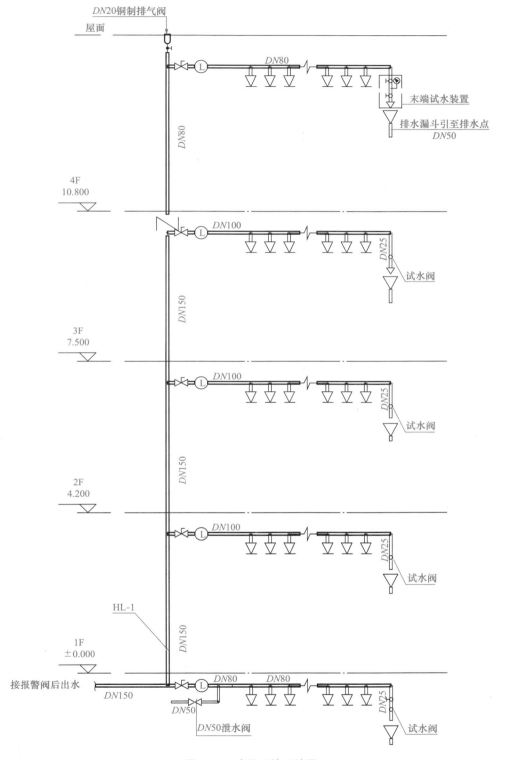

图 5-37 喷淋系统系统图

1. 目前建筑中常用的室内消防给水系统的分类有哪几种?
2. 简述室内消火栓系统的组成。
3. 简述消火栓应该布置的部位。
4. 简述水泵接合器的作用及安装位置。
5. 喷头溅水盘的作用是什么?
6. 水喷雾系统适宜在哪些场所使用? 为什么?
7. 末端试水装置的作用是什么?
8. 简述报警阀的功能与作用?
9. 自动喷水灭火系统有哪几种类型?
10. 湿式自动喷淋系统的适用于哪些场所?

第六章

通风空调工程识图与构造

知识目标

1. 了解空调工程的基本分类与构成；
2. 掌握中央空调系统常用设备及风管附件的图示、构造及作用；
3. 熟练识读通风系统的工程图。

能力目标

1. 能够识读通风空调工程施工图；
2. 能够正确选用空调系统；
3. 能够正确选用中央空调系统常用设备及风管附件。

素质目标

1. 遵守相关规范、标准和管理规定；
2. 具有严谨的工作作风、较强的责任心和科学的工作态度；
3. 具备良好的语言文字表达能力和沟通协调能力；
4. 爱岗敬业，严谨务实，团结协作，具有良好的职业操守。

由于我国南方地区大多数地方都没有采暖工程，所以我们将该部分内容舍去。在南方地区的土木工程中涉及的通风空调工程相对要多一些。即或是寒冷的北方地区，大中城市的公共建筑(商场、宾馆、酒店等)现在也都用中央空调工程代替了采暖工程。由此可见，中央空调工程在现代建筑中是非常重要的部分，故我们将重点放在通风与空调工程的介绍。

另外，需要说明的是，通风工程与空调工程有许多相同的地方，也可以说空调是更高级的通风，因此，介绍了空调工程施工图以后，也相当于介绍了通风工程施工图。

第一节　空调工程基本知识

首先需要明确一下，下面介绍的空调工程是指大型建筑中的中央空调工程，而不是家庭使用的一般户式空调器。

一、空调系统的常用编号

通风空调安装工程系统中常用系统代号见表 6-1，各类水、汽管道代号见表 6-2。

表 6-1　系统代号

序号	字母代号	系统名称	序号	字母代号	系统名称
1	N	（室内）供暖系统	9	H	回风系统
2	L	制冷系统	10	P	排风系统
3	R	热力系统	11	XP	新风换气系统
4	K	空调系统	12	JY	加压送风系统
5	J	净化系统	13	PY	排烟系统
6	C	除尘系统	14	P(PY)	排风兼排烟系统
7	S	送风系统	15	RS	人防送风系统
8	X	新风系统	16	RP	人防排风系统

表 6-2　水、汽管道代号

序　号	代　号	管道名称	备　　注
1	RG	采暖热水供水管	可附加 1、2、3 等表示一个代号、不同参数的多种管道
2	RH	采暖热水回水管	可通过实线、虚线表示供、回关省略字母 G、H
3	LG	空调冷水供水管	—
4	LH	空调冷水回水管	—
5	KRG	空调热水供水管	—
6	KRH	空调热水回水管	—
7	LRG	空调冷、热水供水管	—
8	LRH	空调冷、热水回水管	—
9	LQG	冷却水供水管	—
10	LQH	冷却水回水管	—
11	n	空调冷凝管	—
12	PZ	膨胀水管	—
13	BS	补水管	—
14	X	循环管	—
15	LM	冷媒管	—

序　号	代　号	管道名称	备　　注
16	YG	乙二醇供水管	—
17	YH	乙二醇回水管	—
18	BG	冰水供水管	—
19	BH	冰水回水管	—
20	ZG	过热蒸汽管	—
21	ZB	饱和蒸汽管	可附加1、2、3等表示一个代号、不同参数的多种管道
22	Z2	二次蒸汽管	—
23	N	凝结水管	—
24	J	给水管	—
25	SR	软化水管	—
26	CY	除氧水管	—
27	GG	锅炉进水管	—
28	JY	加药管	—
29	YS	盐溶液管	—
30	XI	连续排污管	—
31	XD	定期排污管	—
32	XS	泄水管	—
33	YS	溢水(油)管	—
34	R_1G	一次热水供水管	—
35	R_1H	一次热水回水管	—
36	F	放空管	—
37	FAQ	安全阀放空管	—
38	O1	柴油供油管	—
39	O2	柴油回油管	—
40	OZ1	重油供油管	—
41	OZ2	重油回油管	—
42	OP	排油管	—

二、空调的概念与空调系统的分类

(一)空调的概念

空调就是空气调节的简称。它是为了满足人们生活、生产要求，改善劳动条件，采用人工方法使房间内的空气温度、空气相对湿度、空气流动速度、空气的洁净度(简称空调"四度")以及空气的气味、压力、噪声等参数控制在一定范围内波动变化的工程技术。

(二)空调系统的分类

设置在大型建筑(宾馆、商场、生产车间等)内的中央空调系统按不同的方法分类，空调系统的名称就不同。常用的空调系统分类方法有以下四种。

1. 按空气处理设备的布置情况分类

这里的空气处理设备是指空调系统中对空气进行冷却降温、加热升温、除湿干燥等处理的各种设备。

(1)集中式中央空调系统。集中式中央空调系统是将所有的空气处理设备设置在一个空调机房内，对送入空调房间的空气进行集中处理，然后经风机加压，再通过风管送到各空调房间或空调区域。这种集中式中央空调系统一般用于生产车间和大型商场。

(2)半集中式中央空调系统。半集中式中央空调系统除有集中空调机房集中处理一部分空调系统需要的空气外，还有分散设置在各空调房间的末端(风机盘管)空气处理设备。大型宾馆、酒店等建筑使用的风机盘管空调器加独立新风的空调系统，就是典型的半集中式中央空调系统。

(3)分散式空调系统。分散式空调系统是指空气处理设备分散设置在各空调房间。例如，家用房间空调器，就是典型的分散式空调系统。但它不是中央空调系统的范围。

2. 按负担空调房间的空调负荷用介质不同分类

按这种分类方法，空调系统可分成以下四种：

(1)全空气中央空调系统。空调房间的空调负荷全部由送入空调房间内的(冷、热)空气来承担，如图 6-1 所示。全空气中央空调系统，空调房间内没有末端空气处理设备。一般冬季向空调房间送热空气，夏季向空调房间送冷空气。

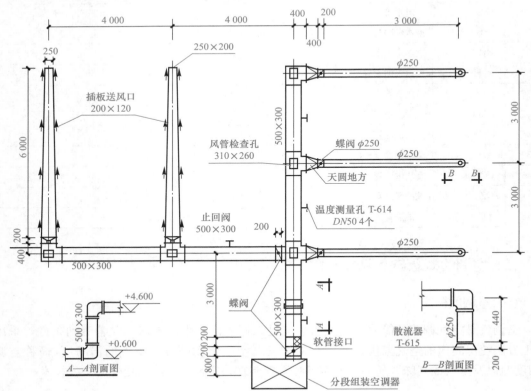

图 6-1　全空气中央空调系统

(2)全水中央空调系统。空调房间内的空调负荷全部由送入空调房间末端空气处理设备（风机盘管空调器）的冷、热水来承担。这种空调系统完全没有集中空气处理设备，只有集中制备冷水或热水的冷热水机房。全水中央空调系统如图6-2所示。

图6-2　全水中央空调系统

(3)空气—水中央空调系统。空调房间的空调负荷一部分由送入空调房间的（冷、热）空气承担，另一部分是由送入空调房间的末端空气处理设备内的（冷、热）水来承担。宾馆用的风机盘管加新风空调系统，就是典型的空气—水中央空调系统。

(4)制冷剂空调系统。制冷剂空调系统也称直接蒸发式空调系统。它是利用制冷系统蒸发器内的制冷剂蒸发吸收热量进行空气调节。例如，家用房间空调器（家用窗式空调器、分体式空调器、柜式空调器）就是典型的制冷剂空调系统。

3. 按全空气中央空调系统处理空气的来源分类

这种分类方法完全是针对全空气中央空调系统而言的，按这种分类方法，可以将全空气中央空调系统分为以下三种：

(1)封闭式全空气中央空调系统。因为空调系统处理的空气全部来自空调房间，送入空调房间内的空气完全没有室外的新鲜空气，所以，室内的卫生条件差，但是运行费用低。其适用于没有人工作（或只有机器人工作）的车间，如图6-3所示。

(2)直流式全空气中央空调系统。因为空调系统处理的空气全部取自室外的新鲜空气，送入空调房间全部是新鲜空气，所以，室内的卫生条件好，但运行费用高，能耗大。一般用于产生有毒气体的生产车间，因为空调系统不允许使用室内的回风，如图6-4所示。

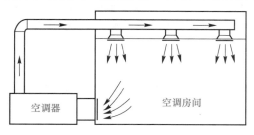

图6-3　封闭式全空气中央空调系统

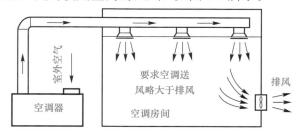

图6-4　直流式全空气中央空调系统

(3)混合式全空气中央空调系统。空调系统处理的空气，一部分来自空调房间（俗称回风），另一部分是来自室外的新风（俗称空调新风）。这种中央空调系统是闭式和直流式系统

125

的综合，既解决了封闭式系统卫生条件不满足的问题，也解决了直流式系统运行能耗大、费用高的问题。一般的生产车间的工艺性空调都采用这种系统，如图6-5所示。

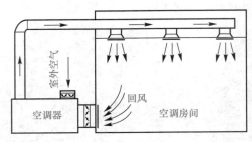

图6-5　混合式全空气中央空调系统

4. 按空调系统的使用用途分类

按空调系统的使用用途来分可以分成以下两种：

（1）工艺性空调系统。工艺性空调系统主要是为生产工艺的需要而设置的空调系统。如精密仪器仪表生产车间，大规模控制用计算机房、大规模集成电路生产车间，光刻室等都要设置空气调节系统，而这些空调系统都是为了满足生产工艺要求而设置的。

工艺性空调的"四度"的设计，要根据生产工艺的要求来确定，有些对温度要求比较高，前面说的精密仪器仪表生产车间的空调系统就对温度的控制要求较高；有的对空气的洁净度要求较高，如大规模继成电路生产车间的空调系统主要是控制空调房间的洁净度。

（2）舒适性空调系统。舒适性空调系统主要是为满足人们生活、工作的舒适度而设置的，例如，办公楼、宾馆、酒店、商场等场所的空调系统，都是属于舒适性空调系统。

舒适空调系统的"四度"的设计要求不是很高；夏季空调设计温度 $t_N = 22\ ℃ \sim 26\ ℃$（为了节约能源，现在国务院对中央空调系统夏季和冬季的温度设置作了明确规定，夏季 $t_N \geqslant 26\ ℃$，冬季 $t_N \leqslant 20\ ℃$），设计相对湿度 $\phi_N = 60\% \sim 70\%$ 都是合理的，并且它们的波动值或大或小均可。以后我们涉及的中央空调工程，以舒适性空调系统占多数。

三、空调制冷循环系统简介

中央空调工程中使用的冷源有以下两种：

（1）天然冷源。例如，天然冰、地下深井水等。其中的天然冰利用受到地域的限制，夏季需要空调的地区没有天然冰，夏季有天然冰的地区又不需要进行空气调节。而深井水现在国家不允许开采，原因是我国的地下水资源越来越贫乏。

（2）人工冷源。即是用人工方法制备中央空调工程处理空气用 $7\ ℃ \sim 12\ ℃$ 的冷冻水。目前，中央空调工程所用的冷源都是人工冷源。而中央空调工程中使用的制冷方法大致有三种：蒸汽压缩式制冷、蒸汽吸收式制冷、喷射式制冷。在中央空调工程中，这三种制冷方法用得最多的是蒸汽压缩式制冷。下面主要介绍蒸汽压缩式制冷。

（一）蒸汽压缩式制冷循环四大件主要设备与作用

蒸汽压缩式制冷循环原理图如图6-6所示。其中用到了四大件主要设备，它们的名称以及在制冷循环系统中的作用分别如下所述。

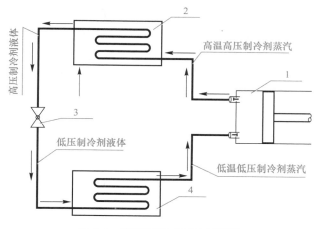

图 6-6　蒸汽压缩式制冷原理图
1—压缩机；2—冷凝器；3—节流膨胀阀；4—蒸发器

1. 压缩机

压缩机的作用是将低温低压制冷剂(氟利昂)蒸汽压缩变为高温高压制冷剂蒸汽。制冷剂(氟利昂)经过压缩机压缩后，它的相态并没有发生变化，只是低温低压制冷剂气体变成了高温高压制冷剂气体。

2. 冷凝器

冷凝器的作用是将高温高压制冷剂气体冷凝变成高压制冷剂液体。可见，制冷剂(氟利昂)发生了相变，由气相(态)变成了液相(态)。由于在这一过程中制冷剂(氟利昂)要向外放出热量(在制冷循环中叫作制热过程)，所以，夏季家用空调器在运行时室外机向外吹出来的是热空气。

另外，冷凝器的冷凝方式有以下两种：

(1)风冷式。风冷式即用空气对冷凝器内的高温高压制冷剂(氟利昂)蒸汽进行冷却，使其变为高压制冷剂液体。家用房间空调器都为风冷式，而大型中央空调工程中使用的制冷循环也有风冷式的。

(2)水冷式。水冷式即用水对冷凝器内的高温高压制冷剂(氟利昂)蒸汽进行冷却，使其变为高压制冷剂液体。制冷循环的两种冷凝方式各有优缺点：风冷式适用于缺水的地区和家用房间空调器，但室外机要安装在室外通风良好的地方。

另外，由于空气的比热值较小，故风冷式的冷却效果不如水冷式；相同制冷量的制冷循环风冷式冷凝器的体积要远大于水冷式冷凝器的体积。

3. 节流膨胀阀

节流膨胀阀的作用是将冷凝器排出来的高压制冷剂(氟利昂)液体节流降压，使其变为低压制冷剂液体。因为节流阀前的管道内是高压制冷剂(氟利昂)液体，它不会蒸发吸收周围介质的热量变成低压制冷剂(氟利昂)蒸汽，但经节流阀节流降压以后，高压制冷剂(氟利昂)液体就变成了低压制冷剂(氟利昂)液体，这时，它就要蒸发吸收周围介质的热量变成低压制冷剂(氟利昂)蒸汽。因此，节流阀前后管道上的状况是完全相反的，节流阀前的管道上不会结冰，节流阀后的管道上要结冰。

例如，水作用在水面上的绝对压力是 1 个标准大气压(760 mmHg、101 325 Pa，是以我国黄海为标准海平面测得的年平均大气压)时，则将水加热到 100 ℃，水就沸腾变成了开水，如果继续加热开水就一直保持 100 ℃不变，但它会慢慢地变成温度为 100 ℃的水蒸气，直至将水全部烧干。假如作用在水面上的绝对压力降低到 611.2 Pa，水只要加热到 0.01 ℃就沸腾了。又如果作用在水面上的绝对压力提高到 2 000 000 Pa（2 MPa），水要加热到 212.37 ℃才会沸腾。可见，液体在不同的压力下，其蒸发(沸腾)温度是不相同的。

在空调制冷循环中使用的制冷剂都是一些低沸点工作介质。表 6-3 是空调制冷循环中比较常用的制冷剂，在 1 个标准大气压下对应的沸点温度。

表 6-3　常用制冷剂在 101 325 Pa 下对应的沸点温度

制冷剂	NH3	R11	R123	R12	R134 a	R22	R502
沸点温度/℃	−33.3	23.77	27.87	−29.8	−21.16	−40.8	−45.6

4. 蒸发器

蒸发器的作用是低压制冷剂(氟利昂)液体在蒸发器的管道内不断蒸发变成低压制冷剂(氟利昂)蒸汽，并吸收周围介质的热量。

可见制冷剂在蒸发器内发生了相变，即制冷剂由液相变成了气相并吸收外界的热量，制冷循环中叫作制冷过程。要说明的是，中央空调工程中的制冷循环是将以上制冷循环的四大件组装在一个箱体中，使其形成一个机组，中央空调工程中叫作空调冷水机组。

(二)蒸汽压缩式制冷冷水机组的类型

中央空调工程中使用的蒸汽压缩式制冷冷水机组，根据冷凝器的冷却方式不同，也可分为以下两种。

1. 水冷式空调(制冷)冷水机组

水冷式制冷冷水机组可以安装在地下室，也可以安装在室外可安装的任何地方。由于水的冷却效果好，所以中央空调工程使用的冷水机组，在不缺水的地区多为水冷式。

水冷式空调制冷冷水机组的型号，不同的生产厂家编写方法有所不同。例如，武汉麦克维尔空调制冷有限公司生产的单螺杆水冷式单冷空调冷水机组的型号为 PES2024 SE22、PES2031 SE22。其中：P－表示水冷式；E－表示单台压缩机；S－表示单螺杆压缩机；2024(2031)－表示压缩机的型号；SE－表示标准型机组(XE 表示加强型机组)；22－表示制冷剂(氟利昂22)。又如重庆通用工业(集团)有限责任公司生产的双级密闭型水冷离心式单冷空调冷水机组的型号为 LCS450－P、LCS600－P。其中：L－表示密闭型离心式制冷机组；C－表示制冷工质为 HFC－134a；S－表示双级压缩；450(600)－表示名义制冷量 450(600)×10⁴ kcal/h；P－表示微电脑控制代号。

2. 风冷式空调(制冷)冷(热)水机组

风冷式制冷冷(热)水机组必须安装在室外，并且要求通风良好的地方。中央空调工程中使用的风冷式空调制冷冷(热)水机组，根据功能的不同又可分为以下两种：

(1)风冷单冷型空调冷水机组。这种机组只能夏季为中央空调工程制备处理空气用(7 ℃)的冷(冻)水。

(2)风冷热泵型空调冷(热)水机组。这种机组冬、夏季都可以使用；即夏季为中央空调工程制备处理空气用(7 ℃)的冷(冻)水；冬季为中央空调工程制备处理空气用(45 ℃)的热水。

风冷式空调制冷冷（热）机组的型号对不同的生产厂家编写方法是不同的。如果是风冷热泵机组，其技术参数比水冷单冷式冷水机组多一个制热量、一个风机配电功率、一个热水流量及性能系数，但没有冷却水流量；如果是风冷单冷式冷水机组，则比水冷单冷式冷水机组只多一个风机配电功率，但没有冷却水流量。

四、中央空调工程的循环系统

中央空调工程如果采用不同冷却方式的冷水机组，形成的循环系统是不一样的。

（一）采用水冷式空调制冷冷水机组的中央空调工程循环系统

采用水冷式制冷冷水机组的中央空调工程有四大循环系统，如图6-7所示。

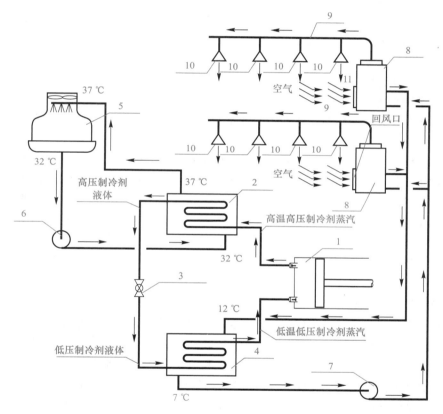

图6-7　水冷式空调制冷冷水机组的中央空调工程循环系统

1—压缩机；2—冷凝器；3—节流膨胀阀；4—蒸发器；5—冷却塔；6—冷却水循环泵；
7—冷水循环泵；8—空调器；9—送风管道；10—送风口；11—回风口

1. 空调制冷循环系统

空调制冷循环系统的循环路径是：1→2→3→4→1，系统上连接的1、2、3、4号设备在前面的制冷循环中已经介绍过，这里就不重复了。但在中央空调工程中它是以机组的形式出现的，在工程造价时只需要统计空调冷水机组的数量，并根据空调冷水机组的型号和技术参数会向生产厂家询价以及根据冷水机组的型号会查有关定额（查找冷水机组的安装费、人工费、机具费等）即可。

水冷式空调冷水机组的制冷循环中的冷凝器和蒸发器两大设备内流动的工作介质以及工作介质吸热或放的情况分别如下：

(1)冷凝器内流动的两种工作介质分别是：制冷剂(在冷凝器内放出热量，由气态制冷剂变成液态制冷剂)；冷却水(在冷气内吸收制冷剂放出的热量，由32 ℃变为37 ℃)。注意两种工作介质在冷凝器内各走各的道路，没有产生混合流动。

(2)蒸发器内流动的两种工作介质分别是：冷冻水(在蒸发器内放出热量，由12 ℃变为7 ℃)；制冷剂(在蒸发器内吸收冷冻水放出热量，由液态制冷剂变成气态制冷剂)。注意两种工作介质在蒸发器内各走各的道路，也没有产生混合流动。

2. 空调冷却水循环系统

冷却水循环系统的循环路径是：6→2→5→6，该循环路径中的2号设备是制冷循环中冷凝器。注意冷凝器内部红颜色管道内走的是高温高压制冷剂蒸汽，红颜色管道外流动的是冷却水。制冷剂和冷却水各走各的道路，但两种工质在冷凝器中分别是放热过程和吸热过程。其中制冷剂是放出热量，由制冷剂蒸汽变成制冷剂液体；冷却水吸收制冷剂放出的热量，由32 ℃的低温冷却水变成37 ℃的高温冷却水。由图6-7可以看出，2号设备冷凝器上至少连接了两根冷却水管。

6号设备是冷却水循环泵：它在冷却水循环系统中的作用是，为冷却水提供在管道内循环的动力。

5号设备是冷却塔：作用是将37 ℃的高温冷却水通过与空气进行热量交换，变成32 ℃的低温冷却水，以便制冷循环中的冷凝器进行再利用。冷却塔内流动的两种工作介质分别是：冷却水(在冷却塔内放出热量，由37 ℃变为32 ℃)；室外的空气(在冷却塔内吸收冷却水放出的热量)。注意两种工作介质在冷却塔内是混合在一起流动的，但两种介质流动的方向是不同的；一般冷却水从上向下流动，空气在风机的作用下从下向上流动。

需要注意的是，冷却水循环系统在工程造价中存在管道用量和其他设备用量的统计计算。

3. 空调冷(冻)水循环系统

冷(冻)水循环系统的循环路径是：7→8→4→7，该循环中的4号设备是制冷循环中的蒸发器。注意蒸发器内部红颜色管道内走的是低温低压制冷剂，红颜色管道外流动的是冷(冻)水，两种工质在蒸发器内分别是吸热过程和放热过程。其中制冷剂是吸热过程，由低压制冷剂液体变成低压制冷剂蒸汽；冷(冻)水是放热过程，由12 ℃的高温冷水变成7 ℃的低温冷水，以便(空调器)处理空气再利用。由图6-7也可以看出，4号设备蒸发器上至少也连接了两根冷冻水管。

7号设备是冷水循环泵：作用是为冷水在管道设备中循环流动提供动力。

8号设备是空调器(用户端)：作用是为中央空调工程处理空气调节需要的空气。注意空调器内部有一换热器，换热器是铜管制作的盘管，铜管内走的是冷(冻)水，铜管外壁面上流动的是需要处理的空气。两种工作介质分别是放热过程和吸热过程。以夏季为例，其中冷(冻)水是吸(吸收空气的热量)热过程，由7 ℃的低温冷冻水变成12 ℃的高温冷冻水；空气是放热过程，由高温空气变成(空调房间需要的)低温空气。由图6-7可以看出，空调器(或空调机)上至少要连接两根冷冻水管。

空调器内流动的两种工作介质分别是：空调房间的空气(在空调器内放出热量，从高温空气变为送风状态的低温空气)；冷冻水(在空调器内吸收空气放出的热量，由7 ℃变成

12 ℃的冷冻水)。注意在空调器内流动的两种工作介质也是各走各的道路,没有产生混合流动。

需要注意的是,冷冻水循环系统在工程造价中也存在管道用量和其他设备用量的统计计算。

4. 空调空气(也称空调风)循环系统

空气(也称空调风)循环系统的循环路径是:8→9→10→11→8,该循环中的 8 号设备是空调器,前面已经介绍过,这里不再重复,但空调器上至少连接两根冷冻水管。

9 号设备是送风管道:作用是将 8 号空调器处理好的空气输送到需要空调的房间或空调区域。

10 号设备是送风口:作用是按设计要求向各空调房间或空调区域分配处理好的空气。

11 号设备是回风口:作用是使一部分空调房间的空气回到 8 号空调器内进行再处理。

需要注意的是,空气(也称空调风)循环系统,在工程造价中也需要进行管道(风管)用量和设备、配件(风口风阀等)用量的统计计算。

夏季采用水冷式冷水机组的中央空调工程将空调房间空气(低温空间)的热量转移到室外(高温空间)空气的过程,以及每一个转移过程所经过的设备如下:空调房间空气的热量(经空调器)→冷冻水(经蒸发器)→制冷剂(经冷凝器)→冷却水(经冷却塔)→室外空气。

(二)采用风冷式空调制冷冷(热)水机组的中央空调工程的循环系统

采用风冷式冷(热)水机组的中央空调工程只有空调制冷循环系统、空调冷水循环系统、空调空气循环系统三大循环系统,如图 6-8 所示。可见采用风冷式冷水机组的中央空调工程没有冷却水循环系统。而以上三个系统的循环路径及所用到的设备与采用水冷式冷水机组的中央空调工程对应的三个循环系统完全相同。但冷凝器内流动的两种工作介质与采用水冷却的空调冷水机组的冷凝器内流动的两种工作介质不同,风冷式空调冷水机组的冷凝器内流动的两种工作介质分别是:制冷剂(在冷凝器内放出热量,由气态制冷剂变为液态制冷剂);室外的空气(室外空气在风机的作用下高速流经冷凝器的外表面,吸收制冷剂放出的热量并带入大自然的空气中)。注意两种介质在冷凝器内也是各走各的道路,没有混合在一起流动。

夏季采用风冷式冷水机组的中央空调工程将空调房间空气(低温空间)的热量转移到室外(高温空间)空气的过程,以及每一个转移过程所经过的设备如下:空调房间空气的热量(经空调器)→冷冻水(经蒸发器)→制冷剂(经冷凝器)→室外空气。

通过以上中央空调工程几大循环系统的讨论,我们发现中央空调工程的几大循环系统是相互联系的,它们不可能独立存在于中央空调工程以外。

(三)中央空调工程水系统流程原理图

在实际工程中,无论是采用水冷式空调制冷冷水机组,还是采用风冷式空调制冷冷(热)水机组,中央空调工程水系统的流程原理图可以简化成下面两种图的形式(设计院出的空调工程系统图一般也是这样绘制的):

(1)采用水冷式空调冷水机组的中央空调工程水系统流程原理图,如图 6-9 所示。在这种流程原理图中,只能直接看到冷却水和冷(冻)水两个循环系统,而空调制冷循环和空调风循环系统不能直接看到。图中的 4、6、8、9 号设备的作用分别是:

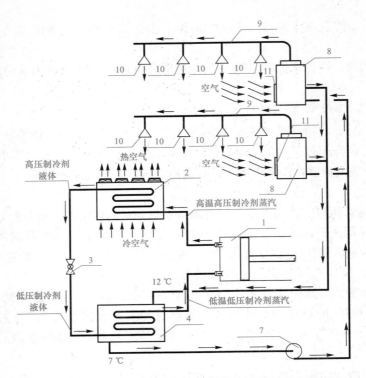

图 6-8　风冷式空调制冷冷(热)水机组的中央空调工程的循环系统

1—压缩机；2—冷凝器；3—节流膨胀阀；4—蒸发器；7—冷水循环泵；

8—空调器；9—送风管道；10—送风口；11—回风口

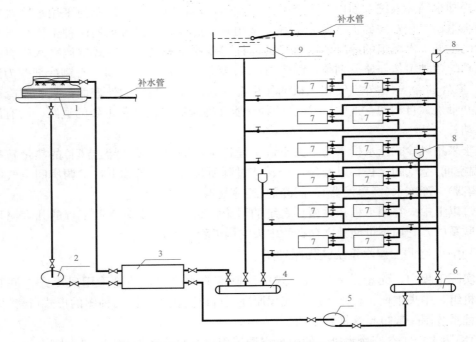

图 6-9　采用水冷式机组中央空调工程流程原理图

1—冷却塔；2—冷却水循环泵；3—冷水机组；4—集水器(也称集水缸)；5—冷水循环泵；

6—分水器(也称分水缸)；7—风机盘管空调器；8—自动排气阀；9—膨胀水箱

集水器(也称集水缸)的作用是汇集各空调水系统(夏季 12 ℃)的回水;

分水器(也称分水缸)的作用是按设计要求向各空调水系统分配(夏季 7 ℃)冷冻水流量;

自动排气阀的作用是排除空调水管系统中的不凝性气体(空气),自动排气阀要安装在管道系统的最高处,这样以便排除空调水管系统内的空气;

膨胀水箱要安装在整个空调水系统的最高处,并且距离最高空调用户要有一定的高度。

膨胀水箱的作用有以下四个:

1)稳定系统的工作压力;

2)排除空调水管系统中的空气;

3)容纳空调水系统因温度变化而产生的水的容积变化量;

4)补充空调水系统因蒸发或渗漏而损失的水。

(2)采用风冷式空调冷水机组的中央空调工程水系统流程原理图,如图 6-10 所示。由图可以看出,采用风冷式空调冷(热)水机组的中央空调工程,在流程原理图上只能看到空调冷(热)水循环系统,而空调制冷循环和空调风循环系统不能直接看到。

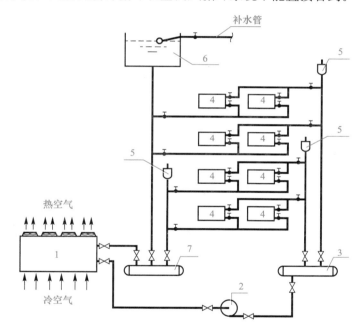

图 6-10　采用风冷式机组中央空调工程流程原理图

1—风冷式冷(热)水机组;2—冷水循环泵;3—分水器(也称分水缸);

4—空调器(或风机盘管空调器);5—自动排气阀;6—膨胀水箱;7—集水器(也称集水缸)

第二节　中央空调系统常用设备

一、中央空调系统常用设备图例

中央空调系统常用设备图例见表 6-4。

表 6-4　空调系统常用设备图例

序号	名　称	图　例	备　注
1	散热器及手动放气阀		左为平面图画法，中为剖面图画法，右为系统图（Y轴侧）画法
2	散热器及温控阀		—
3	轴流风机		—
4	轴(混)流式管道风机		—
5	离心式管道风机		—
6	吊顶式排气扇		—
7	水泵		—
8	手摇泵		—
9	变风量末端		—
10	空调机组加热、冷却盘管		从左到右分别为加热、冷却及双功能盘管
11	空气过滤器		从左至右分别为粗效、中效及高效
12	挡水板		—
13	加湿器		—
14	电加热器		—
15	板式换热器		—
16	立式明装风机盘管		—

序号	名 称	图 例	备 注
17	立式暗装风机盘管		—
18	卧式明装风机盘管		—
19	卧式暗装风机盘管		—
20	窗式空调器		—
21	分体空调器	室内机 室内机	—
22	射流诱导风机		—
23	减振器		左为平面图画法，右为剖面图画法

二、中央空调工程常用空调器设备

集中式全空气中央空调工程使用的空调器(或空调机)常用的有以下几种。

(一)冷却塔

冷却塔的作用就相当于普通家用空调室外机的换热器，是用来散热的设备。对于水冷型中央空调来说，冷凝侧是靠水泵循环管道内的水来带走冷凝器内冷媒的热量的，水将冷凝器内热量带走之后，在水泵的作用下循环进入到冷却塔，通过水在冷却塔内的流动再将热量传递给冷却塔周围的空气，然后再次进入中央空调冷凝器吸收热量。冷却塔图例如图 6-11 所示，冷却塔实物图如图 6-12 所示。

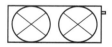

图 6-11　冷却塔图例

图 6-12　冷却塔实物图

(二)冷水机组

冷水机组其实就是空调机组。由于大楼不可能到处安装蒸发器，而是用水来带动热量传递，故中央空调大多采用冷水机组。冷水机组里与空调相同，有一个冷凝器、一个蒸发器、一个压缩机以及其他辅助装置。空调的冷凝器和蒸发器，都是空气－制冷剂热交换器，而水冷机组则是一个液体水－制冷剂的热交换器。也就是说，将交换介质由空气改为水，这样，冷凝器里的水把热量带到冷却塔冷却，而蒸发器里的水的热量被蒸发器内制冷剂蒸发时吸收，从而冷却下来，实现制冷。常用的冷水机组有离心式冷水机组和螺杆式冷水机组。

1. 离心式冷水机组

离心式冷水机组是依靠离心式压缩机中高速旋转的叶轮产生的离心力来提高制冷剂蒸汽压力，以获得对蒸汽的压缩过程，然后经冷凝节流降压、蒸发等过程来实现制冷。离心式冷水机组如图 6-13 所示。

适用范围：大中流量、中低压力的场合。

工作原理：由叶轮带动气体做高速旋转，使气体产生离心力，由于气体在叶轮里的扩压流动，从而使气体通过叶轮后的流速和压力得到提高，连续地生产出压缩空气。

2. 螺杆式冷水机组

螺杆式冷水机组是利用螺杆式压缩机中主转子与副转子的相互啮合，在机壳内回转而完成吸气、压缩与排气过程。螺杆式冷水机组如图 6-14 所示。

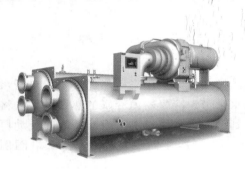 

图 6-13　离心式冷水机组　　　　　　　　图 6-14　螺杆式冷水机组

适用范围：不适用于高压场合、小排气量场合，只能适用于中、低压范围。

工作原理：由蒸发器出来的气体冷媒，经压缩机绝热压缩以后，变成高温高压状态。被压缩后的气体冷媒，在冷凝器中，等压冷却冷凝，经冷凝后变化成液态冷媒，再经节流阀膨胀到低压，变成气液混合物。

3. 离心式与螺杆式冷水机组的对比

(1)两种机型的结构特点：单个离心式压缩机的制冷量较大，单个螺杆式压缩机的制冷量较离心式压缩机要小。

(2)两种压缩机转动和传动部分结构特点：在离心式压缩机中，电动机通过一对增速齿轮进而带动叶轮作高速旋转；在螺杆式压缩机中，电动机直接连同主转子与副转子相互啮合旋转。

(3)两种机型采用的两种压缩机形式：离心机采用的是单级压缩机形式；螺杆机采用的是多级压缩机形式。

（4）两种机型的噪声问题：离心机的旋转速度高，一般为 9 000~30 000 转/分钟；螺杆机的转速低，一般为 2 950 转/分钟。

（5）两种机型经常性费用开支对比：在相同的制冷情况下，螺杆机组部分负荷时能效要大大高于离心机组的部分负荷能效，所以，螺杆机组的运行费用大大低于离心机组的运行费用。

（三）分、集水器（也称分、集水缸）

分水器是将一路进水分散为几路输出的设备，而集水器则是将多路进水汇集起来再一路输出的设备。分、集水器结构一般由主管、分路支管、排污口、排气口、压力表、温度计等组成。直径较大的筒体上装有人孔或手孔。材质由碳钢板卷制，或无缝钢管制作而成，能承受一定压力，外表面做防腐或保温处理。集、分水器的筒体上根据需要连接多个进出水管，可将各路水汇集或将一路水分流。筒体上装有压力表或温度计，可方便观察筒体内水流状态。筒体的下端部装有排污口，用于清洗筒体时的污水流出。分、集水器如图 6-15 所示，分、集水器在系统中的装配如图 6-16 所示。

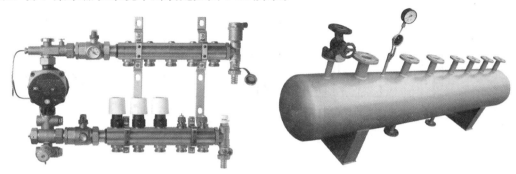

图 6-15　分、集水器

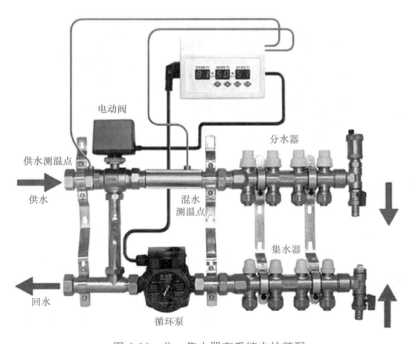

图 6-16　分、集水器在系统中的装配

(四)分段组合式空调器

分段组合式空调器是将各空气处理设备制造成断体的形式，设计技术人员可以根据设计需要进行选用，在施工现场可以分段安装。分段组合式空调器的段体包括风机段、过滤段、表冷段、加热段、加湿段、喷淋段、中间段、送风机段、消声段、混合段等。这种空调器的特点如下：

(1)分段组合式空调器一般处理风量大，每小时处理空气量可以达到几十万立方米，出冷(热)量大，所以，一般用于大型工艺性全空气中央空调工程。

(2)个头体积大，要安装在专门的机房中，安装工作量大，安装需要空间高。

分段组合式空调器结构如图 6-17 所示，其外形如图 6-18 所示。

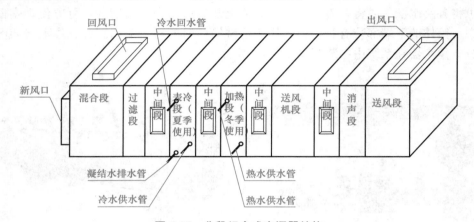

图 6-17 分段组合式空调器结构

图 6-18 分段组合式空调器外形

(五)柜式(整体式)空调器

柜式空调器是将所有的空气处理设备设置在一个箱体中，使其形成一个整体。这种空调器托运到施工现场后将其安装在基础上或吊装在梁、板下，连接上水管和风管就能使用。工程上使用的柜式空调器又可分为以下三种。

1. 立柜式空调器

立柜式空调器外形与家庭使用的大衣柜相仿，故称为立柜式空调器，如图 6-19 所示。立柜式空调器的特点如下：

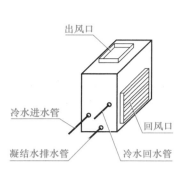

图 6-19　立柜式空调器

（1）处理风量和出冷量（出热量）都较小，一般每小时处理空气量小于 50 000 m³；

（2）体积小，但也要安装在专门的机房中，安装方便，安装工作量小，安装需要的空间高。

2. 卧式空调器

卧式空调器外形比立柜式空调器要矮，特点与立柜式空调器相同，但安装需要的空间高度要求比立柜式空调器要低。卧式空调器如图 6-20 所示。

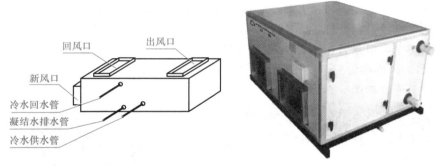

图 6-20　卧式空调器

3. 吊顶（顶吊）式空调器

吊顶式空调器比较薄，可以安装在装饰吊顶内，不用专门的机房。吊顶（顶吊）式空调器如图 6-21 所示。吊顶式空调器特点如下：

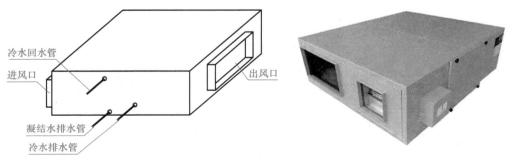

图 6-21　吊顶（顶吊）式空调器

（1）处理风量和出冷量（出热量）小，一般每小时处理空气量小于 30 000 m³；

（2）个头体积小，不需要专门的机房安装，安装在建筑装修吊顶内，安装方便，安装工作量小。

吊顶式空调器的安装如图 6-22 所示。

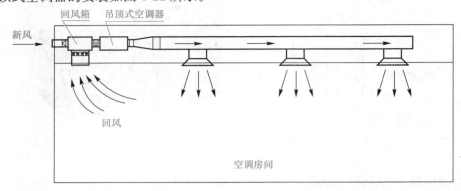

图 6-22　吊顶式空调器的安装示意图

（六）风机盘管空调器

风机盘管式空调系统由一个或多个风机盘管机组和冷热源供应系统组成。风机盘管机组由风机、盘管和过滤器组成。其作为空调系统的末端装置，分散地装设在各个空调房间内，可独立地对空气进行处理，而空气处理所需的冷热水则由空调机房集中制备，通过供水系统提供给各个风机盘管机组。风机盘管空调器是一种小型空调器，容量比较小，式样如图 6-23 所示。风机盘管空调器一般用于宾馆、办公楼、酒店的中央空调工程中。风机盘管空调器与管道连接如图 6-24 所示。

图 6-23　风机盘管空调器式样

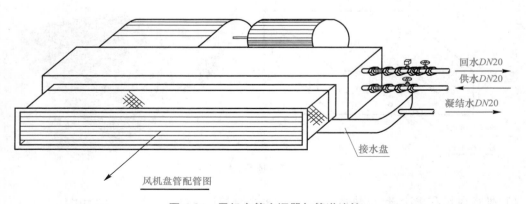

图 6-24　风机盘管空调器与管道连接

注意：风机盘管空调器在统计工程量时，除风机盘管空调器本身外，每台风机盘管空调器还需要统计 2 根金属波纹管、2 个 DN20 的截止阀（或闸阀）、1 套温控开关＋电动二通阀。

(七)膨胀水箱

膨胀水箱要安装在整个空调水系统的最高处，并且距离最高空调用户要有一定的高度。膨胀水箱的作用有以下四个：

(1)稳定系统的工作压力；

(2)排除空调水管系统中的空气；

(3)容纳空调水系统因温度变化而产生水的容积变化量；

(4)补充空调水系统因蒸发或渗漏而损失的水。

第三节　通风管道图示与构造

一、通风管道图例

通风管道图例见表 6-5。

表 6-5　通风管道图例

序号	名　称	图　例	备　注
1	矩形风管	 $***\times***$	宽×高(mm)
2	圆形风管	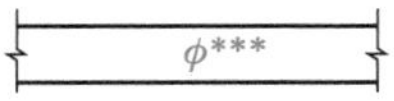 $\phi***$	ϕ 直径(mm)
3	风管向上	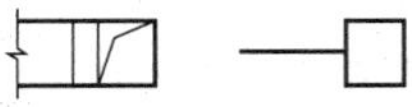	—
4	风管向下		—
5	风管上升摇手弯	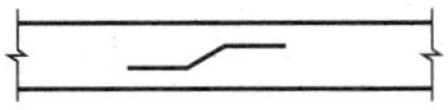	—
6	风管下降摇手弯	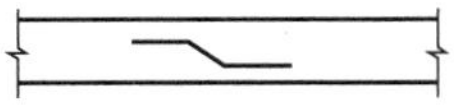	—
7	天圆地方	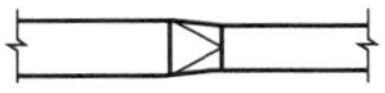	左接矩形风管，右接圆形风管
8	软风管		—
9	圆弧形弯头		—

序号	名　称	图　例	备　注
10	带导流片的矩形弯头		—
11	消声器		—
12	消声弯头		—

二、风管的规格表示方法

通风空调工程中使用的风管(断面)有矩形风管和圆形风管两种。无论是矩形风管还是圆形风管都采用双线条按比例绘制在施工图上,也有用粗单线条绘制的,但国内施工图上用单线绘制风管的情况较少。常见矩形风管与圆形风管如图 6-25 所示。

图 6-25　常见矩形风管与圆形风管

(一)矩形风管断面尺寸的表示方法

矩形风管断面尺寸是用"边长×边长"来表示,但在不同图上的表示方法是不同的。平面图上的表示方法是:宽×高;立面图或剖面图上的表示方法是:高×宽。矩形风管断面尺寸的表示方法如图 6-26 所示。

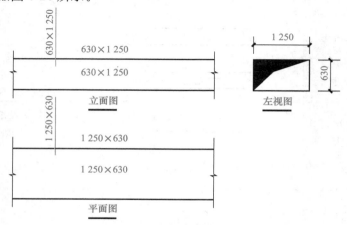

图 6-26　矩形风管断面尺寸的表示方法

矩形风管断面的标注方法如下：

(1)直接标在横向或纵向风管上；

(2)直接标在横向风管的上边缘(或竖向风管的左边缘)；

(3)用引线的方法标注。

(二)圆形风管断面尺寸的表示方法

圆形风管断面直接用圆形风管直径表示，即 D 后面写直径数字；并且无论是平面图还是立、剖面图上看到的都是圆形风管断面的直径。圆形风管断面尺寸的表示方法如图 6-27 所示。

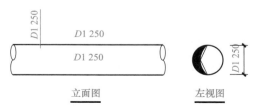

图 6-27　圆形风管断面尺寸的表示方法

(三)风管安装标高的标注位置及标注方法

风管安装标高的标注位置是水平风管的拐弯处或水平风管的末端处。风管安装标高的标注方法如图 6-28 所示。

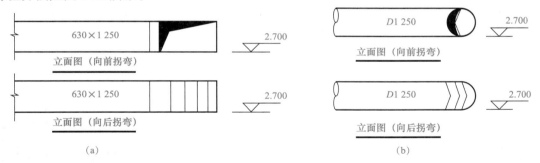

图 6-28　风管安装标高标注方法

(a)矩形风管安装标高标注方法；(b)圆形风管安装标高的标注方法

需要注意的是，管道或设备的安装标高的单位是 m，但要精确到小数点后 3 位，或精确到 mm。例如，某根管道的安装标高是 3 m，在施工图上一定要写成 3.000，不能写成 3 或 3.0(3.00)。

(四)管道入口及出口、管道系统及立管的编号

在某一张暖卫管道工程施工图中，管道形成的系统、管道的入口(引入管)或出口(排出管)可能不止一个，管道系统中的立管可能不是一根，可能会有多根立管、多个系统、多根引入管和多根排出管的情况。为了阅读施工图时思路清晰，不至于发生混乱，故要对它们进行编号。这里的暖通工程是指通风空调工程和采暖工程。暖通工程系统的编号由以下两部分组成。

1. 系统代号

系统代号一般是用大写汉语拼音字母表示，具体字母代号参见表 6-1。

2. 系统顺序号

系统顺序号是用阿拉伯数字编写的（即 1、2、3、4……）。

三、空调通风工程的风管常用板材

金属板材主要用于空调通风工程的风管，如镀锌钢板风管。而在一般的通风工程中，还有使用非镀锌钢板风管的，工程中常用的金属板材有以下几种：

(一)钢板

1. 钢板的种类

(1)按钢板的制造方法可分为热轧钢板、冷轧钢板两种类型；

(2)按钢板的厚度可分为厚钢板、薄钢板(用于通风空调工程)两种类型。通风空调工程中使用薄钢板又可以分成镀锌薄钢板(俗称白铁皮)和非镀锌薄钢板(俗称黑铁皮)。

2. 钢板的规格

工程上使用的钢板多为热轧钢板，在此我们只介绍热轧钢板的规格。表 6-6 是常用热轧钢板的规格。

表 6-6　热轧钢板规格表

钢板厚度/mm	钢板宽度/mm											
	600	650	700	710	750	800	850	900	950	1 000	1 100	1 250
	钢板最大长度/m											
0.35～0.65	1.2	1.4	1.42	1.42	1.5	1.5	1.7	1.8	1.9	2.0		
0.65～0.90	2.0	2.0	1.42	1.42	1.5	1.5	1.7	1.8	1.9	2.0		
1.0	2.0	2.0	1.42	1.42	1.5	1.6	1.7	1.8	1.9	2.0		
1.20～1.40	2.0	2.0	2.0	2.0	2.0	2.0	2.0	2.0	2.0	2.0	2.0	3.0
1.50～1.80	2.0	2.0	2.0		2.0	6.0	6.0	6.0	6.0	6.0	6.0	6.0
2.00～3.90	2.0	2.0	6.0	6.0	6.0	6.0	6.0	6.0	6.0	6.0	6.0	6.0
4.00～10.00	—	—	6.0	6.0	6.0	6.0	6.0	6.0	6.0	6.0		6.0
11.00～12.00	—	—	—	—	—	—	—	—	—	6.0	6.0	6.0
13.00～25.00										6.5	6.5	12.0
26.00～40.00												12.0

(二)铝板

铝板多用于净化空调工程。由于将来我们遇到净化空调工程的机会可能性较小，故在此不作详细介绍。

(三)不锈钢钢板

不锈钢钢板是用于医药企业的净化空调工程，一般的通风空调工程都不会使用，在此也不详细介绍。

四、金属风管制作工艺

(一)金属风管制作工艺流程

金属风管制作工艺流程如图 6-29 所示。

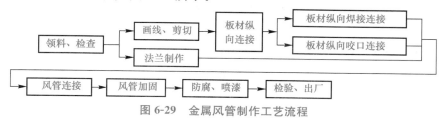

图 6-29　金属风管制作工艺流程

(二)金属风管的制作

1. 画线与剪切

(1)根据设计图、大样图的不同几何形状和规格,应分别进行画线展开,并进行复核,以免有误。

(2)按画线形状用机械剪刀和手工剪刀进行剪切。剪切时,两手要扶稳钢板,用力均匀适当。

(3)板材咬口之前,必须用切角机或剪刀进行切角,切角形状如图 6-30 所示。风管折制如图 6-31 所示。

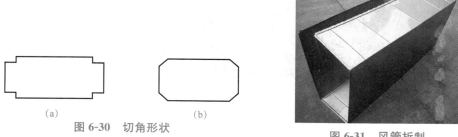

(a)　　　　　　　　　(b)

图 6-30　切角形状

(a)机械切角;(b)手工切角

图 6-31　风管折制

2. 板材纵向连接

(1)风管板材纵向连接可采用咬口连接、铆接、焊接等不同方法。不同板材咬接或焊接的规定见表 6-7。

表 6-7　风管板材纵向连接的咬口及焊接界限

板厚/mm	材　质			
	镀锌钢板	普通钢板	不锈钢钢板	铝板
$\delta \leqslant 1.0$	咬接	咬接	咬接	咬接
$1.0 < \delta \leqslant 1.2$	咬接	咬接		咬接
$1.2 < \delta \leqslant 1.5$	—	电焊	氩弧焊或电焊	
$\delta > 1.5$	—	电焊	氩弧焊或电焊	氩弧焊或气焊

(2)风管纵向焊接连接。焊接时可采用气焊、电焊、氢弧焊或接触焊等，焊缝形式应根据风管的构造和焊接方法而定，可选图 6-32 所示的几种形式。铝板风管焊接时，焊材应与母材相匹配，焊缝应牢固。

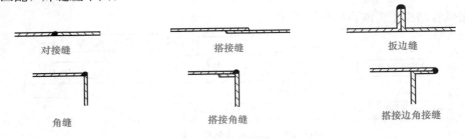

对接缝   搭接缝   扳边缝

角缝   搭接角缝   搭接边角接缝

图 6-32   风管焊缝形式

(3)风管纵向咬口连接。矩形、圆形风管板材纵向咬口连接形式如图 6-33 所示。钢板单平咬口如图 6-34 所示。

单平咬口   单立咬口   转角咬口

图 6-33   咬口连接

图 6-34   钢板单平咬口

当板材采用咬口形式时，其咬口缝应紧密，宽度应一致，折角应平直。咬口留量应根据咬口时板材曲折重叠次数和咬口宽度本身是否计入风管尺寸而计算得出。咬口宽度和留量根据板材厚度而定，应符合表 6-8 的要求。对单平咬口、单立咬口、转角咬口在第一块板上等于咬口宽，而在第二块板上是 2 倍宽，即咬口留量就是等于 3 倍咬口宽。

表 6-8   咬口宽度   mm

咬口形式	板厚		
	0.5～0.7	0.7～0.9	1.0～1.2
单平咬口	6～8	8～10	10～12
单立咬口	5～6	6～7	7～8
转角咬口	6～7	7～8	8～9

制作圆风管时，将咬口两端拍成圆弧状放在卷圆机上卷圆，按风管直径规格适当调整上、下辊间距，操作时，手不得直接推送钢板。

（4）铆钉连接。铆钉连接必须使铆钉中心线垂直于板面，铆钉头应把板材压紧，使板缝密合并且铆钉排列整齐、均匀。板材之间铆接，一般中间可不加垫料，设计有规定时，按设计要求进行。

板材拼接：风管板材拼接的咬口缝应错开，不得有十字形拼接缝。镀锌钢板及有保护层的钢板的拼接，应采用咬接或铆接。不锈钢钢板厚度小于或等于 1 mm 时，板材拼接可采用咬接；板厚大于 1 mm 时宜采用氢弧焊或电弧焊，不得采用气焊。铝板厚度小于或等于 1.5 mm 时，板材拼接可采用咬接或铆接，但不应采用按扣式咬口。

五、通风空调风管基本用量的统计

（一）镀锌钢板风管需要统计钢板的用量

钢板的用量是以 m² 计算的，但不同断面尺寸的风管所用的钢板厚度是不一样的，统计时要将不同断面尺寸的风管所用板材面积的数量归纳到一起，以便统计不同厚度钢板面积的数量。

所谓风管基本展开面积，就是没有考虑风管自身连接的搭接扣边量。工程预算时还要考虑风管加工连接的搭接扣边量。

风管基本展开面积的计算有以下两种情况。

1. 矩形钢板风管基本展开面积的计算

矩形钢板风管的几个主要尺寸如图 6-35 所示。矩形钢板风管的基本展开面积为 $S=(a+b)\times 2\times L(\mathrm{m^2})$。

2. 圆形钢板风管基本展开面积的计算

圆形钢板风管的几个主要尺寸如图 6-36 所示。圆形钢板风管的基本展开面积为 $S=\pi DL(\mathrm{m^2})$。

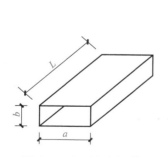

图 6-35　矩形钢板风管

a—风管的宽度；b—风管的高度；L—风管的长度

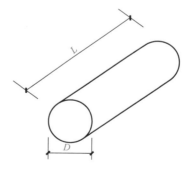

图 6-36　圆形钢板风管

D—风管的直径；L—风管的长度

（二）风管、冷水管、冷凝水管保温材料的种类及保温厚度

如果选用玻璃钢保温风管，就不需要对风管进行再保温；只有当选用镀锌钢板风管时，才需要对风管进行保温，风管保温如图 6-37 所示。保温材料的种类很多，价格相差也很大，在做工程造价时要特别注意保温材料的种类。保温厚度关系到保温材料的用量，所以阅读设计与施工说明时要特别注意。

图 6-37　风管保温

这里要说明一下有关保温材料用量的计算，一般保温材料是以 m^3 为单位计算的。实际工程中有以下两种情况。

1. 对于镀锌钢板矩形风管保温材料基本用量的计算

首先参见矩形风管保温的示意图，几个主要尺寸如图 6-38 所示。

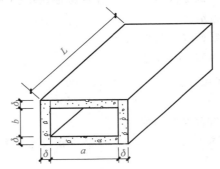

图 6-38　矩形风管保温的示意图

δ—保温材料的厚度；a—风管的宽度；b—风管的高度；L—风管的长度

矩形风管保温材料基本用量的计算式是：$V=[2\times(a+b)+1.033\times4\delta]\times1.033\times\delta\times L$。

2. 对于镀锌钢板圆形风管保温材料基本用量的计算

首先参见圆形风管保温的示意图，几个主要尺寸如图 6-39 所示。

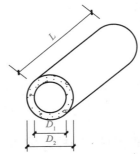

图 6-39　圆形风管保温的示意图

D_1—风管的直径；D_2—风管保温以后的直径；L—圆形风管的长度

保温材料的厚度是 D_2-D_1 的 $1/2$。则圆形风管保温材料基本用量的计算关系式是：

$$V=0.25\pi(D_2^2-D_1^2)L \ (m^3)$$

(三)设备进出口与管道的连接减振方法

设备进出口与管道的连接减振方法关系到系统的防振和防噪,一般并没有在施工图上画出来,而是在设计与施工说明中加以说明。设备进出口与管道的连接减振方法有以下几种情况:

(1)大型设备与水管采用可曲挠球形橡胶软接头连接,如图6-40所示;

(2)风机盘管和容量较小的空调器与水管采用金属波纹管连接;

(3)空调器、风机与风管间采用玻璃纤维——不锈钢钢丝混纺专用高温防火软接头连接(也称柔性接头),如图6-41所示。

图6-40　可曲挠球形
橡胶软接头

图6-41　柔性接头

(四)动力设备与基础间的连接减振方法

动力设备与基础间的连接减振也关系到系统的防振,因为动力设备在运行过程中要产生振动,这种振动对系统的运行将产生不利的影响,所以,动力设备与基础间的连接一定要做减振处理。这种减振处理的技术方法如下:

(1)容量较小的动力设备与基础间采用橡胶减振垫连接减振;

(2)容量较大的动力设备与基础间采用专用的减振器连接。

专用减振器是由专门的减振器生产厂家生产的,在工程预算中可根据减振器的型号向生产厂家询价。

(五)温度计、压力表设置位置

在施工图中温度计与压力表有时不一定画出来,而是在设计与施工说明中加以说明;但施工图预算中又是不可缺少的内容,所以,阅读施工图时要注意温度计和压力表设置的位置,以便统计它们的数量(套)。

(六)空调冷(热)水管道防冷(热)桥木卡及支吊架的设置

空调冷(热)管道需要保温,如果保温管道与支架间不设防冷(热)桥木卡,冷(热)量就会通过支架散失掉一部分。所以,管道与支架间一定要设木卡(图6-42),以防止冷(热)量通过支架散失掉。支吊架或防冷(热)桥木卡是安装工程不可缺少的一部分。

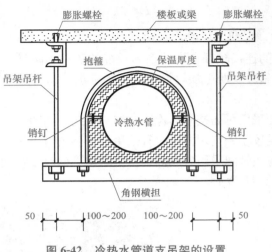

图 6-42　冷热水管道支吊架的设置

(七)空调风管支、吊架的设置

工程实际中使用的风管材料有三种：金属材料加工制作的风管；非金属材料加工制作的风管；复合材料加工制作的风管。不同材料加工制作的风管设置的支、吊架间距有所不同，可参见《通风与空调工程施工规范》(GB 50738—2011)。

(1)金属风管(含保温)水平安装时支、吊架的最大间距见表 6-9，矩形风管吊架实物如图 6-43 所示。

表 6-9　水平安装金属风管支、吊架的最大间距　　　　　　　　　　　　　　　mm

风管边长 b 或直径 D	矩形风管	圆形风管	
		纵向咬口风管	螺旋咬口风管
≤400	4 000	4 000	5 000
>400	3 000	3 000	3 750

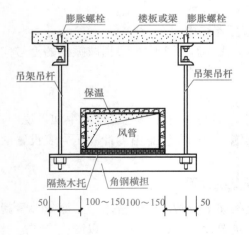

图 6-43　矩形风管吊架

（2）非金属与复合风管水平安装时支、吊架的最大间距见表6-10。柔性风管的支、吊架的最大间距宜小于1 500 mm。

表6-10　水平安装非金属与复合风管支、吊架的最大间距　　　　　　　　　mm

风管类别		风管长边 b						
		≤400	≤450	≤800	≤1 000	≤1 500	≤1 600	≤2 000
		支、吊架最大间距						
非金属风管	无机玻璃钢风管	4 000	3 000			2 500	2 000	
	硬聚氯乙烯风管	4 000	3 000					
复合风管	聚氨酯铝箔复合风管	4 000	3 000					
	酚醛铝箔复合风管	2 000				1 500		1 000
	玻璃纤维复合风管	2 400		2 200		1 800		
	玻镁复合风管	4 000	3 000			2 500	2 000	

（3）垂直安装风管支、吊架的最大间距见表6-11。

表6-11　垂直安装风管支、吊架的最大间距　　　　　　　　　mm

管道类别		最大间距	支架最少数量
金属风管	钢板、镀锌钢板、不锈钢钢板、铝板	4 000	单根直管不少于2个
复合风管	聚氨酯铝箔复合风管	2 400	
	酚醛铝箔复合风管		
	玻璃纤维复合风管	1 200	
	玻镁复合风管		
非金属风管	无机玻璃钢风管	3 000	
	硬聚氯乙烯风管		

另外，圆形风管吊架有单吊杆吊架、双吊杆吊架两种，构造如图6-44所示。

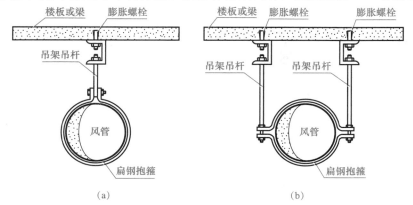

图6-44　圆形风管吊架

（a）单吊杆吊环；（b）双吊杆吊环

第四节　风管阀门、附件图示与构造

一、各种阀门及附件图例

各种阀门及附件图例见表6-12。

表6-12　各种阀门及附件图例

序号	名称	图例	序号	名称	图例
1	安全阀		9	余压阀	
2	蝶阀		10	消声器	
3	止回风阀		11	风管软接头	
4	回风口		12	矩形风口	
5	圆形散流器		13	圆形风口	
6	插板阀		14	防雨罩	
7	手动对开式多叶调节阀		15	70℃常开防火阀	
8	三通调节阀		16	280℃常闭防火阀	

二、通风空调工程常用阀门及附件

通风空调系统中使用的阀门及附件也都是用不同的图例表示在施工图上,看图时一定要注意区分。

(一)消声器

消声器安装在风机或空调器进出风口的风管上，其作用是消除风机或空调器等设备产生的噪声。消声器外观如图6-45所示。

(二)风管插板阀

风管插板阀安装在需要关断或调节风量的风管上，一般是用于小断面尺寸的风管上。风管插板阀外观如图6-46所示。

图6-45　消声器外观　　　　　　　　　图6-46　风管插板阀外观

(三)风管蝶阀

风管蝶阀安装位置及作用同插板阀，一般也是用于小断面尺寸的风管上。风管蝶阀外观如图6-47所示。

图6-47　风管蝶阀外观

(四)对开多叶调节阀

对开多叶调节阀安装位置及作用同以上两种阀门，但一般是用于大断面尺寸的风管上。对开多叶调节阀外观如图6-48所示。

图6-48　对开多叶调节阀外观

(五)风管止回阀

风管止回阀安装在不允许风(空气)倒流的风管上,其作用是防止空气反方向流动。风管止回阀外观如图 6-49 所示。要注意风管止回阀与对开多叶调节阀的区别。

图 6-49　风管止回阀外观

(六)三通调节阀

三通调节阀安装在风管分枝三通的分枝管上,作用是调节送往分枝管上的风量。三通调节阀外观如图 6-50 所示。

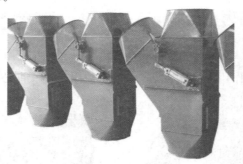

图 6-50　三通调节阀外观

(七)70 ℃常开防火阀

70 ℃常开防火阀安装在风机或空调器进出口的风管上,以及穿越防火分区线的风管上,其作用是当建筑发生火灾时(关闭)保护风机、空调器等设备,以及防止火焰通过风管窜到非火灾区。图 6-51 所示为 70 ℃常开防火阀构造。

图 6-51　70 ℃常开防火阀构造

(八)280 ℃常闭防火阀(电信号控制)

280 ℃常闭防火阀安装在排烟风管的枝管上,其作用是当建筑发生火灾打开排烟枝管进行排烟。280 ℃常闭防火阀外观如图 6-52 所示。

图 6-52　280 ℃常闭防火阀图例及外观见

(九)玻璃纤维——不锈钢钢丝混纺专用高温防火软接头(也称柔性接头)

柔性接头安装在风机、空调器进出口连接的风管之前,其作用是隔振、消声。玻璃纤维——不锈钢钢丝混纺专用高温防火软接头外观如图 6-53 所示。

图 6-53　玻璃纤维——不锈钢钢丝混纺专用高温防火软接头图例及外观

(十)送风口

送风口安装在需要送风的风管上,其作用是向需要送风的房间或区域送风,如图 6-54 所示。

图 6-54　送风口

(十一)散流器(送风口)

散流器是空调系统中经常使用的一种送风口。它是安装在空调系统的送风管上,作用是向空调房间或空调区域送风。散流器有圆形、矩形之分如图 6-55 所示。

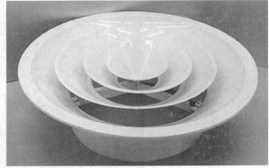

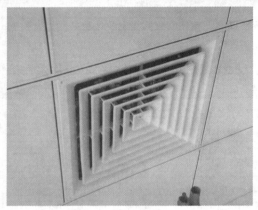

图 6-55　散流器

第五节　中央空调工程施工图构成识读

一、平面图

大型中央空调工程施工平面图可分为以下几种。

(一)空调风系统施工平面图

空调风系统施工平面图如图 6-56 所示,在图上绘制的主要内容有以下几项:

(1)与空调工程有关的建筑轮廓及主要尺寸,用细线条绘制;

(2)空调设备在平面上的布置,用中粗线条绘制[这里的空调设备是指各种形式的空调器(或空调机)];

(3)空调送回风管道在平面上的布置,用粗线条或中粗线条按比例双线绘制;

(4)空调设备、风管在平面上的安装定位尺寸及风管断面尺寸的标注,用细线按规定标注;

(5)注明系统及设备编号。

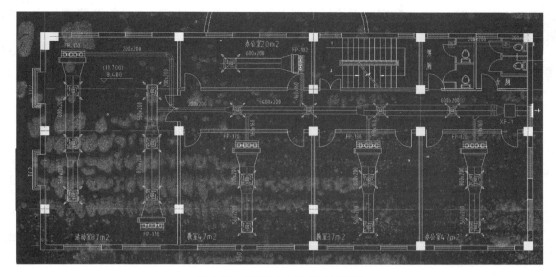

图 6-56　空调风系统施工平面图

空调施工平面图上的设备编号是为了便于编制设备材料表，并且图中的设备编号与设备材料表中的序号是相对应的，这样便于阅读施工图时对照查找。

(二)空调工程水系统施工平面图

因空调工程水系统平面图与室内给水工程平面图相仿，故其包含的内容这里不再重复。

(三)空调机房施工平面图

对于集中全空气中央空调工程，空调机房的配管相对比较复杂，所以，一般用较大比例单独绘制，以便施工技术人员能够看清楚设备上的配管。空调机房施工平面图绘制的主要内容如下。

1. 空调机房内设备在平面图上的布置及设备的定位尺寸

空调器(或空调机)是设计人员根据设计技术参数在生产厂家的产品样本上选定其型号和规格，再根据样本查出空调器的外形尺寸、表冷器排数、接管方向(左式或右式)等，然后按比例绘制在施工图上。

空调器的接管方向是指空调水管的安装方向，空调器的接管方向一般用左式或右式来表示。其具体规定是，面对空调器的回风口，空调水管接在左边的就称为左式空调器，空调水管接在右边的就称为右式空调器。

2. 水管、风管与空调器的连接减振方法

水管与空调器的连接减振分以下两种情况：

(1)对于容量较小的空调器，空调器与管道间加金属波纹管，参见前述风机盘管进出水管的连接；

(2)对于容量较大的空调器，空调器与管道间加可曲挠球形橡胶软接头。

空调器与风管的连接，直接在空调器与风管间加用玻璃纤维——不锈钢钢丝混纺专用高温防火软接头连接。

(四)空调制冷机房施工平面图

由于空调制冷机房的设备、水管较多，连接也比较复杂，所以，在空调工程施工图中往往也要用大比例单独绘制空调制冷机房施工平面图。制冷机房施工平面图绘制的主要内容有以下几项：

(1)制冷机组（或制热机组）、水泵及其他设备在平面图上的布置；注意所有的设备用中粗线绘制其轮廓；

(2)设备的施工定位尺寸；

(3)连接设备的水管在平面上的布置；用单粗实线绘制；

(4)水管与设备、阀门的连接方法；大都采用可曲挠球形橡胶软接头法兰螺栓连接；

(5)管道管径的标注，用数字按规定标注；

(6)设备及主要阀件的编号。

二、剖面(视)图

空调工程剖面(视)图是表示某一剖面上空调设备、管道的布置、排列及走向情况的施工图。其中又可分为以下几种。

(一)空调系统剖面(视)图

这里讲的空调系统包括空调水系统与空调风系统，也可以分开绘制。也就是说空调系统剖面(视)图中空调风系统与空调水系统一般一并绘制；它所包含的内容与平面图基本相同，此处不再重复。一般在平面图上能够表达清楚的工程，可以不画空调系统剖面(视)图。

(二)空调机房剖面(视)图

所有空调机房的剖视图，看图的时候一定要找到剖视图在平面图上的剖视位置。

(三)空调制冷冷水机房剖面(视)图

看图的时候也要对应平面图的剖视位置一起看。

三、空调工程水系统图(或水的流程原理图)

一般在空调工程中如果绘制了空调工程水系统图，就不需要画水的流程原理图，反过来也一样。空调工程水系统图能够完全反映了空调工程水系统的设备及管道在三维空间的布置与走向，而水的流程原理图不能反映出空调设备、管道在三维空间的布置及走向，只是表示了管道与设备的连接关系、流体的流程原理。水的流程原理图与基本工程量的计算无关，水系统的流程原理图如图 6-57 所示。

四、空调工程风系统施工图的阅读基本方法

大型中央空调工程的施工图一般都比较复杂，阅读时一定要按系统顺序进行，复杂部位要结合平面图、系统图、剖面图进行阅读，才能弄明白管道间的关系，以及管道与设备间的关系。

(一)空调工程风系统施工图的阅读顺序

空调工程施工图有水系统与风系统两部分。对于水系统的施工图阅读与前面介绍的室内给水排水工程施工图相仿，一般是顺水流方向进行。对空调风系统的施工图阅读一般也是顺气流方向进行，即新风口→新风管道→空气处理设备→送风机→送风干管→送风支管→送风口→空调房间→回风口→回风管道→回风机→空气处理设备。

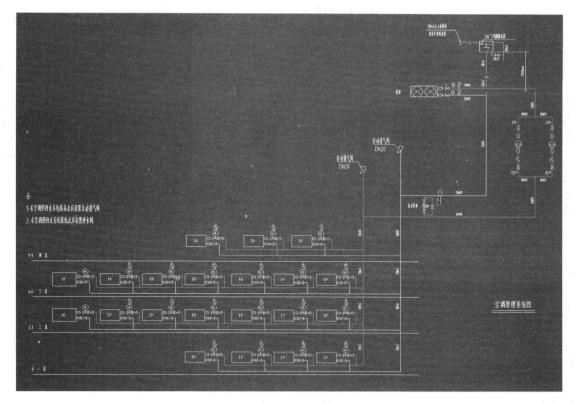

图 6-57　空调水系统的流程原理图

对于具体的空调风系统施工图的阅读，上面的各部分不一定全部都有。例如，选用立柜式空调器的风系统施工图，由于空调器是集中回风的形式，可能就没有新风口和新风管道；也有可能没有专门的回风管道和回风机等，因为所有的空气处理设备都是设置在一个箱体中。

（二）阅读空调工程风系统施工图应注意的问题

（1）看清楚整个建筑空调系统的编号及数量；

（2）查明空气处理设备的种类、型号规格及在平面图上的布置，包括末端空气处理设备；

（3）看清楚空调水系统和空调风系统中的水管、风管在平面图上的布置；

（4）查明空调水系统和空调风系统中的附件（水管上的控制阀门）、配件（风管上设置的各种风量调节阀、防火阀等）的种类、型号、规格及数量；

（5）核对系统图与平面图之间是否有矛盾；

（6）如果空调风管与水管都用单线条绘制的话，要分清楚风管与水管。

复习思考题

1. 什么是空气调节（空调）？

2. 空调系统有哪四种分类方法？每种分类方法又可将空调系统具体分为哪几种？

3. 蒸汽压缩式制冷循环中用到了哪四大件主要设备？每件设备在蒸汽压缩式制冷循环中的作用是什么？

4. 制冷循环中的冷凝器有哪两种冷凝方式？

5. 中央空调工程使用的风冷式冷水机组根据功能的不同可以分成哪两种？

6. 采用水冷式冷水机组的中央空调工程有哪四大循环系统？每个循环系统用到了哪些设备？每个设备在中央空调工程中的作用分别是什么？空调房间的热量是如何转移到室外空气的？每一转移过程是在哪个设备中完成的？

7. 采用风冷式冷水机组的中央空调工程有哪三大循环系统？每个循环系统用到了哪些设备？每个设备在中央空调工程中的作用是什么？空调房间的热量是如何转移到室外空气的？每一转移过程是在哪个设备中完成的？

8. 设置在中央空调工程水系统最高位置的膨胀水箱的作用是什么？

9. 中央空调工程一般由哪四大部分组成？

10. 中央空调工程施工图一般由哪几个部分组成？

11. 安装在风机、空调器出风口与风管之间的防火帆布软接头的作用是什么？

12. 中央空调工程风系统平面图绘制的主要内容有哪些？分别用什么线型绘制？

13. 阅读空调工程施工图要注意哪些问题？

14. 中央空调工程中使用的空调器(机)有哪几种？各有什么特点？

第七章

建筑电气照明工程识图与构造

知识目标

1. 熟悉常用的电线、电缆及电气配管的材料类型;
2. 熟悉常用的灯具、开关及插座的类型及安装方式;
3. 了解建筑电气工程图的组成及特点。

能力目标

1. 能识别出图纸使用的电线、电缆及电气配管的材料类型;
2. 能识别出图纸使用的灯具、开关及插座的类型并能进行合理选用;
3. 能识读建筑电气安装工程施工图纸。

素质目标

1. 遵守相关法律法规、标准和管理规定;
2. 具有严谨的工作作风、较强的责任心和科学的工作态度;
3. 具备良好的语言文字表达能力和沟通协调能力;
4. 爱岗敬业,严谨务实,团结协作,具有良好的职业操守。

第一节 建筑电气工程常见管线材料

一、电线与电缆

在建筑电气工程中,配电线路最常见的导线主要是绝缘电线和电缆。

(一)绝缘电线

在导线外围均匀而密封地包裹一层不导电的材料,如树脂、塑料、硅橡胶、PVC 等,形成绝缘层,防止导电体与外界接触造成漏电、短路、触电等事故发生的电线称为绝缘导线,绝缘电线如图 7-1 所示。

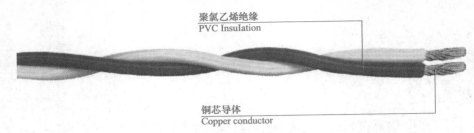

聚氯乙烯绝缘
PVC Insulation

铜芯导体
Copper conductor

图 7-1 双绞式绝缘电线

绝缘电线主要有塑料绝缘电线和橡皮绝缘电线两大类，其型号和特点见表 7-1。其中通用代号的意义：B—电线(布线用的电线，有时不表示)；T—铜芯(一般缺省表示)；L—铝芯；R—软铜(或软电线)；V—聚氯乙烯；X—橡皮；F—氯丁橡皮；P—屏蔽；B—平型[图 7-4(a)]；S—绞型[图 7-4(c)]。

铜、铝单丝电线，如图 7-2 所示，通常是在加热到一定的温度下，以再结晶的方式来提高单丝的韧性、降低单丝的强度，以符合电线对导电线芯的要求。为了提高电线电缆的柔软度，以便于敷设安装，导电线芯采取多根单丝绞合而成，如图 7-3 所示。护套线是指导线表面有一层"护套"，护套既能起到保护的作用，又能将多芯导线套在一起。其在存放、运送、敷设时都比较方便，同时也不显得线很多、很乱。平行线是按形状命名的，指多芯导线平行，一般两芯的较多。常见电线类型如图 7-4 所示。

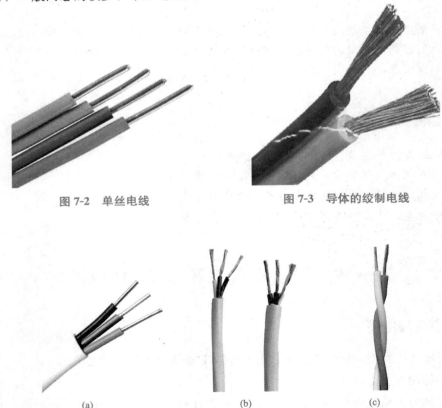

图 7-2 单丝电线

图 7-3 导体的绞制电线

(a)　　　　　　　　(b)　　　　　　　　(c)

图 7-4 电线
(a)平型；(b)护套；(c)绞型

常用绝缘电线的型号和特点见表 7-1。

表 7-1　绝缘电线的型号和特点

名称	类型	型号		主要特点
		铝芯	铜芯	
塑料绝缘电线	聚氯乙烯绝缘线 普通类	BLV，BLVV(圆型)，BLVVB(平型)	BV，BVV(圆型)，BVVB(平型)	这类电线的优点是绝缘性能很好，制造工艺简便，价格较低。其缺点是对气候适应性能差，低温时变硬发脆，在高温或日光照射下增塑剂容易挥发而使绝缘体老化加快。因此，在未装备有效隔热措施的高温环境，日光经常照射或严寒地方，宜选择相应的特殊型塑料电线
	绝缘软线		RVR，RV，RVB(平型)，RVS(绞型)	
	阻燃型		ZR—RV，ZR—RVB(平型)，ZR—RVS(绞型)，ZR—RVV	
	耐热性	BLV105	BV105，RV—105	
	丁腈聚氯乙烯复合绝缘软线 双绞复合物软线		RFS	这类电线是塑料绝缘线的新品种，这种电线具有良好的绝缘性能，并具有耐寒、耐油、耐腐蚀、不延燃、不易热老化等性能。其在低温下仍然柔软，使用寿命长，远比其他型号的绝缘软线性能更加优越。其适用于交流额定电压 250 V 及以下或直流电压 500 V 及以下的各种移动电器，无线电设备和照明灯座的连接线
	平型复合物软线		RFB	
橡皮绝缘电线	棉纱编织橡皮绝缘线	BLX	BX	这类电线弯曲性能较好，对气候适应能力较强，玻璃丝编织线可用于室外架空线或进户线。但由于这两种电线生产工艺复杂，成本较高，已被塑料绝缘线所取代
	玻璃丝编制橡皮绝缘线	BBLX	BBX	
	氯丁橡皮绝缘线	BLXF	BXF	这种电线绝缘性能良好，且耐油、不易霉、不延燃、适应气候性能好、光老化过程缓慢，老化时间约为普通橡皮绝缘电线的两倍，因此适宜在室外敷设。由于绝缘层机械强度比普通橡皮线弱，因此不推荐用于穿管敷设

(二)电缆

在配电系统中，最常见的电缆有电力电缆和控制电缆。输配电能的电缆，称为电力电缆。控制电缆是用在保护、操作等回路中来传导电流的。电缆既可用于室外配电线路，也可用于室内电缆布线。

1. 电缆的基本结构

电缆的基本结构一般是由导电线芯、绝缘层和保护层三个主要部分组成，如图 7-5 所示。

图 7-5　电缆的基本结构

我国制造的电缆线芯的标称截面有：1，1.5，2.5，4，6，10，16，25，35，70，95，120，150，185，240，300，400，500，625，800（mm²）。电缆按其芯数有单芯、双芯、三芯、四芯、五芯之分。其线芯的形状有圆形、半圆形、扇形和椭圆形等。当线芯截面为 16 mm² 及以上时，通常是采用多股导线绞合并经过压紧而成，这样可以增加电缆的柔软性和结构稳定性。敷设时可在一定程度内弯曲而不受损伤。常见电缆形式如图 7-6 所示。

图 7-6　常见电缆形式

电缆的绝缘层通常采用纸、橡皮、聚氯乙烯、聚乙烯、交联聚乙烯等。

电力电缆的保护层较为复杂，分内保护层和外保护层两部分。内护层用来保护电缆的绝缘不受潮湿和防止电缆浸渍质的外流及轻度机械损伤。所用材料有铅套、铝套、橡皮套、聚氯乙烯护套和聚乙烯护套等。外护层是用来保护内层的，包括铠装层和外被层。

2. 电缆的型号及名称

我国电缆产品的型号是采用汉语拼音字母组成的，有外保护层时则在字母后加上两个阿拉伯数字。常用电缆型号中字母的含义及排列顺序见表 7-2。

表 7-2　常用电缆型号字母含义及排列次序

类别	绝缘种类	线芯材料	内护层	其他特征	外护层
电力电缆不表示 K—控制电缆 Y—移动式软电缆 P—信号电缆 H—市内电话电缆	Z—纸绝缘 X—橡皮 V—聚氯乙烯 Y—聚乙烯 YJ—交联聚乙烯	T—铜 （省略） L—铝	Q—铅护层 L—铝护层 H—橡套 (H)F—非燃性橡套 V—聚氯乙烯护套 Y—聚乙烯护套	D—不滴流 F—分相铅包 P—屏蔽 C—重型	2个数字 （含义见表 7-3）

表示电缆外护层的两个数字，前一个数字表示铠装结构，后一个数字表示外被层结构。数字代号的含义见表 7-3。

表 7-3　电缆外护层代号的含义

第一个数字		第二个数字	
代号	铠装层类型	代号	外被层类型
0	无	0	无
1	—	1	纤维绕包
2	双钢带	2	聚氯乙烯护套
3	细圆钢丝	3	聚乙烯护套
4	粗圆钢丝	4	—

3. 电力电缆的种类

电力电缆按绝缘类型和结构可分为以下几类：

(1)油浸纸绝缘电力电缆；

(2)塑料绝缘电力电缆，包括聚氯乙烯绝缘电力电缆、聚乙烯绝缘电力电缆、交联聚乙烯绝缘电力电缆；

(3)橡皮绝缘电力电缆，包括天然丁苯橡皮绝缘电力电缆、乙基绝缘电力电缆、丁基绝缘电力电缆等。

当前在建筑电气工程中使用最广泛的是塑料绝缘电力电缆。用于塑料绝缘电力电缆中的塑料材料，主要有聚氯乙烯塑料和交联聚乙烯塑料，以及它们的派生产品：阻燃型聚氯乙烯塑料和阻燃型交联聚乙烯塑料。

常用聚氯乙烯绝缘电缆和交联聚乙烯绝缘电缆的型号及用途见表 7-4 和表 7-5。

表 7-4　聚氯乙烯绝缘电力电缆型号

型号		名　称
铜芯	铝芯	
VV	VLV	聚氯乙烯绝缘聚氯乙烯护套电力电缆
VY	VLY	聚氯乙烯绝缘聚乙烯护套电力电缆
VV_{22}	VLV_{22}	聚氯乙烯绝缘钢带聚氯乙烯护套电力电缆
VV_{23}	VLV_{23}	聚氯乙烯绝缘钢带铠装聚乙烯护套电力电缆
VV_{32}	VLV_{32}	聚氯乙烯绝缘细钢丝铠装聚氯乙烯护套电力电缆
VV_{33}	VLV_{33}	聚氯乙烯绝缘细钢丝铠装聚乙烯护套电力电缆
VV_{42}	VLV_{42}	聚氯乙烯绝缘粗钢丝铠装聚氯乙烯护套电力电缆
VV_{43}	VLV_{43}	聚氯乙烯绝缘组钢丝铠装聚乙烯护套电力电缆

表 7-5　交接聚乙烯电缆型号

型号		名　称	主要用途
铜芯	铝芯		
YJV	YJLV	交联聚乙烯绝缘聚氯乙烯护套电力电缆	敷设于室内、隧道、电缆沟及管道中，也可埋在松散的土壤中，电缆不能承受机械外力作用，但可承受一定敷设牵引
YJY	YJLY	交联聚乙烯绝缘聚乙烯护套电力电缆	

型　号		名　称	主要用途
铜芯	铝芯		
YJV₂₂	YJLV₂₂	交联聚乙烯绝缘钢带铠装聚乙烯护套电力电缆	适用于室内、隧道、电缆沟及地下直埋敷设，电缆能承受机械外力作用，但不能承受大的拉力
YJV₂₃	YJLV₂₃	交联聚乙烯绝缘钢带铠装聚乙烯护套电力电缆	
YJV₃₂	YJLV₃₂	交联聚乙烯绝缘细钢丝铠装聚氯乙烯护套电力电缆	敷设在竖井、水下及具有落差条件下的土壤中，电缆能承受机械外力作用的相当的拉力
YJV₃₃	YJLV₃₃	交联聚乙烯绝缘细钢丝铠装聚乙烯护套电力电缆	
YJV₄₂	YJLV₄₂	交联聚乙烯绝缘粗钢丝铠装聚氯乙烯护套电力电缆	适于水中、海底电缆能承受较大的正压力和拉力的作用
YJV₄₃	YJLV₄₃	交联聚乙烯绝缘粗钢丝铠装聚乙烯护套电力电缆	

4. 通信电缆

通信电缆按结构类型可分为对称式通信电缆、同轴通信电缆及光缆。对称通信电缆的传输频率较低，一般在几百千赫以内。而同轴通信电缆的传输频率较高，可达数十兆赫以上。光缆的传输频率大于 103 GHz。

通信电缆按其使用范围，可分为市内通信电缆、长途通信电缆和特种用途通信电缆。

对称电缆品种有市话电缆、配线电缆、局用电缆、高频电缆、低频电缆、特种电缆。

同轴电缆的品种有小同轴干线电缆、中同轴干线电缆、微同轴电缆、大同轴电缆、射频电缆、特种电缆。

光缆有两种分类方法：

①根据敷设和运行条件可分为架空、直埋、管道及水底电缆等。

②根据电缆元件的组合情况可分为单一结构电缆和综合电缆等。

电话电缆中两根绝缘导线芯按一定节距绞合成对构成一个绝缘线对，线对中两根绝缘导线芯的颜色不同，以便接线时区分。电话电缆的缆芯结构一般可分为单位式和同芯式两种。同芯式中同一层中相邻的绞合节距应该不同，以减小通话时的相互影响。图 7-7 所示为 20 对同芯式电缆截面示意图，图 7-8 所示为 25 对同芯式电话电缆。单位式电缆以 50 对或者 100 对及相应的预备对绞合成一个基本单位，再由

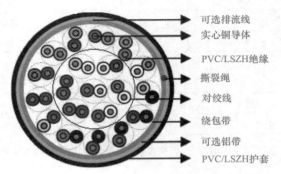

可选排流线
实心铜导体
PVC/LSZH绝缘
撕裂绳
对绞线
绕包带
可选铝带
PVC/LSZH护套

图 7-7　20 对同芯式电缆截面示意图

若干个基本单位绞合成电缆芯，图 7-9 所示为单位式电话电缆。

图 7-8 25 对同芯式电话电缆

图 7-9 单位式电话电缆

（1）纸绝缘市内电话电缆。

1）纸绝缘对绞市内电话电缆型号、名称、规格见表 7-6。

2）电缆由缆芯和护套两大部分组成。

表 7-6 纸绝缘对绞市内电话电缆型号、名称、规格

型号	名称	敷设场合	对　数				
			0.4 mm 线径	0.5 mm 线径	0.6 mm 线径	0.7 mm 线径	0.9 mm 线径
HQ	裸铅护套市内电话电缆	敷设在室内、隧道及沟管中，以及架空敷设。对电缆应无机械外力，对铅护套有中性环境	5～1 200	5～1 200	5～800	5～600	5～400
HQ₁	铅护套麻被市内电话电缆	敷设在室内、隧道及沟管中，以及架空敷设。对电缆应无机械外力，对铅护套有中性环境	5～1 200	5～1 200	5～800	5～600	5～400
HQ₂	铅护套钢带铠装市内电话电缆	敷设在土壤中，能承受机械外力，不能承受大的压力	10～600	5～600	5～600	5～600	5～400
HQ₂₀	铅护套裸钢带铠装市内电话电缆	敷设在室内、隧道及沟管中，其余同 HQ₂ 型	10～600	5～600	5～600	5～600	5～400

（2）铜芯聚乙烯绝缘电话电缆。铜芯聚乙烯绝缘电话电缆的型号见表 7-7，规格见表 7-8。

表 7-7 铜芯聚乙烯绝缘电话电缆型号名称

序号	型号	名称
1	HYA	铜芯实心聚烯烃绝缘挡潮层聚乙烯护套地面通信电缆（常用）
2	HYA₂₂	铜芯实心聚烯烃绝缘挡潮层聚乙烯护套钢带铠装聚氯乙烯护套市内通信电缆
3	HYA₂₃	铜芯实心聚烯烃绝缘挡潮层聚乙烯护套钢带铠装聚乙烯护套市内通信电缆

序号	型号	名称
4	HYA$_{53}$	铜芯实心聚烯烃绝缘填充式挡潮层聚乙烯护套钢带铠装聚乙烯护套市内通信电缆
5	HYY	铜芯聚乙烯绝缘聚乙烯护套电话电缆
6	HYV	铜芯聚乙烯绝缘聚氯乙烯护套电话电缆
7	HYV$_{20}$	铜芯聚乙烯绝缘聚氯乙烯护套裸钢带铠装电话电缆
8	HYVP	铜芯聚乙烯绝缘屏蔽型聚氯乙烯护套电话电缆

表 7-8　铜芯聚乙烯绝缘电话电缆规格

型　号	导电线芯标称直径/mm		
	0.5	0.6	0.7
	标称线对数		
HYA	50、80、100、150、200	50、80、100、150	30、50、80、100
HYA$_{20}$	50、80、100、150、200	50、80、100、150	30、50、80、100
HYA$_{23}$	50、80、100、150、200	50、80、100、150	30、50、80、100
HYA$_{33}$	50、80、100、150、200	50、80、100、150	30、50、80、100
HYY	5、10、15、20、25、30、50、80、100、150、200	5、10、15、20、25、30、50、80、100、150	5、10、15、20、25、30、50、80、100
HYV	5、10、15、20、25、30、50、80、100、150、200	5、10、15、20、25、30、50、80、100、150	5、10、15、20、25、30、50、80、100
HYV$_{20}$	50、80、100、150、200	50、80、100、150、200	30、50、80、100
HYVP	20、25、30、50、80、100、150、200	20、25、30、50、80、100、150、200	10、15、20、25、30、50、80、100

5. 射频电缆

射频电缆主要应用于共用天线电视系统、闭合电视系统以及其他高频信号的传输系统，是建筑弱电系统应用较普遍的信号传输材料之一。它具有传输频率高、屏蔽性能好和安装方便等优点。

常用射频电缆为 SYV 实心聚乙烯绝缘射频同轴电缆，如图 7-10 所示。该产品适用于频率为 45 MHz 及以下各种无线电通信和类似目的的电子装置中。其具有抗干扰、柔软性好、耐低温、信号传输稳定等优点。其长期允许工作温度为：−50 ℃～70 ℃。

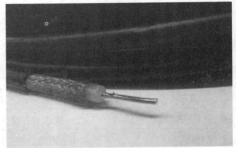

图 7-10　SYV 实心聚乙烯绝缘射频同轴电缆

HRCAY—50—9 射频同轴电缆采用铜包铝线内导体，其绝缘标称外径为 9 mm，聚乙烯护套，特性阻抗为 50 Ω，超柔射频同轴电缆，如图 7-11 所示。此类产品主要用于无线电通信、微波传输、广播通信等系统的基站内发射机、接收机，无线电通信设备之间的连接线。

图 7-11　HRCAY-50-9 射频同轴电缆

二、配线用管材

配线常用的管材有金属管和塑料管两种。

(一)金属管

配线工程中常用的钢管有厚壁钢管、薄壁钢管、金属波纹管和普利卡套管四类。厚壁钢管又称为焊接钢管或低压流体输送钢管(水煤气管)，有镀锌和不镀锌之分。薄壁钢管又称为电线管。

1. 厚壁钢管(水煤气管)

水煤气钢管管壁厚，用作电线电缆的保护管，其既可以暗配于一些潮湿场所或直埋于地下，也可以沿建筑物、墙壁或支、吊架敷设，如图 7-12 所示。

2. 薄壁钢管(电线管)

电线管管壁较薄，不耐压，不能用做水管，其多用于敷设在干燥场所的电线、电缆的保护管，可明敷或暗敷，如图 7-13 所示。

图 7-12　水煤气管

图 7-13　电线管

钢管配管工程应选用镀锌金属盒，即灯位盒、开关(插座)盒等，其厚度不应小于 1.2 mm。各种暗装金属制品盒如图 7-14 所示，各种金属接线盒如图 7-15 所示。

3. 金属波纹管

金属波纹管也称为金属软管或蛇皮管，如图 7-16 所示，主要用于设备上的配线，如车床、铣床等。它是用 0.5 mm 以上的双面镀锌薄钢带加工压边卷制而成，轧缝处有的加石棉垫，有的不加，其规格尺寸与电线管相同。

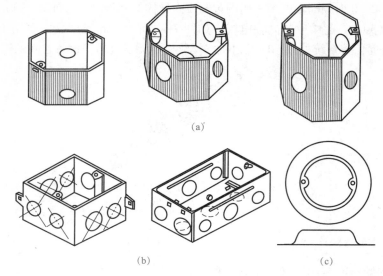

(a)

(b)

(c)

图 7-14 各种暗装金属制品盒

(a)灯位盒；（b）开关盒；（c）灯位盒缩口盖

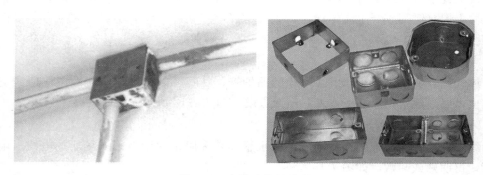

图 7-15 各种金属接线盒

4. 普利卡金属套管

普利卡金属套管是电线电缆保护套管的更新换代产品，虽然其种类很多，但其基本结构类似，都是由镀锌钢带卷绕成螺纹状，属于可挠性金属套管，如图 7-17 所示。普利卡金属套管具有搬运方便、施工容易等特点。其可用于各种场合的明、暗敷设和现浇混凝土内的暗敷设。

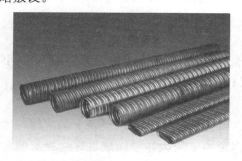

图 7-16 金属波纹管

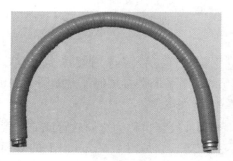

图 7-17 普利卡金属套管

(二)塑料管

建筑电气工程中常用的塑料管有硬质塑料管(PVC管)、半硬质塑料管和软塑料管。

1. 硬质塑料管(PVC管)

PVC硬质塑料管适用于民用建筑或室内有酸、碱腐蚀性介质的场所。由于塑料管在高温下机械强度下降,老化加速,且蠕变量大,所以不应在环境温度40 ℃以上的高温场所使用,也不应在经常发生机械冲击、碰撞、摩擦等易受机械损伤的场所使用。

常用PVC硬质塑料管的规格见表7-9。

表7-9　PVC硬质塑料管规格

外径/mm	壁厚/mm	外径/mm	壁厚/mm
16	$2.0^{+0.4}_{0}$	50	$3.0^{+0.6}_{0}$
20	$2.0^{+0.4}_{0}$	63	$3.6^{+0.7}_{0}$
25	$2.0^{+0.4}_{0}$	75	$3.6^{+0.7}_{0}$
32	$2.4^{+0.5}_{0}$		
40	$3.0^{+0.6}_{0}$		
45	$3.0^{+0.6}_{0}$		

PVC硬质塑料管具有耐热、耐燃、耐冲击等特点,并有产品合格证,内外径应符合国家统一标准。外观检查管壁壁厚应均匀一致,无凸棱、凹陷、气泡等缺陷。在电气线路中明敷、暗敷常使用的硬质PVC塑料管必须有良好的阻燃性能,敷设方式如图7-18所示。

图7-18　硬质PVC塑料管敷设方式

2. 半硬质塑料管

半硬质塑料管多用于一般居住和办公建筑等干燥场所的电气照明工程中,暗敷布线。半硬质塑料管可分为难燃平滑塑料管(图7-19)和难燃聚氯乙烯波纹管(简称塑料波纹管,图7-20)两种。平滑半硬塑料管规格及编号见表7-10。

表7-10　平滑半硬塑料管规格及编号表

公称口径/mm	规格尺寸			编号	
	D_2	b	D_1	PVCBY—1(通用型)	PVCBY—2(耐寒型)
15	16	2	12	HY 1011	HY 1021

公称口径/mm	规格尺寸			编号	
	D_2	b	D_1	PVCBY—1(通用型)	PVCBY—2(耐寒型)
20	20	2	16	HY 1012	HY 1022
25	25	2.5	20	HY 1013	HY 1023
32	32	3	26	HY 1014	HY 1024
40	40	3	34	HY 1015	HY 1025
50	50	3	44	HY 1016	HY 1026

图 7-19　难燃平滑塑料管

图 7-20　难燃聚氯乙烯波纹管

第二节　常见照明器具及安装方式

一、常见灯具图例符号及安装方式

常见灯具图例符号见表 7-11，灯具安装方式的标注方法见表 7-12。

表 7-11　常见灯具图例符号

序号	名称	图形符号	说明
1	灯	⊗	一般符号，当灯具需要区分不同类型时，宜在符号旁标注下列字母：ST—备用照明；SA—安全照明；LL—局部照明灯；W—壁灯；C—吸顶灯；R—筒灯；EN—密闭灯；G—圆球灯；EX—防爆灯；E—应急灯；L—花灯；P—吊灯；BM—浴霸
2	应急疏散指示标志灯	E	
3	应急疏散指示标志灯(向右)	→	
4	应急疏散指示标志灯(向左)	←	

序号	名称	图形符号	说明
5	应急疏散指示标志灯（向左、向右）		
6	专用电路上的应急照明灯		
7	自带电源的应急照明灯		
8	荧光灯		一般符号（单管荧光灯）
9	二管荧光灯		
10	三管荧光灯		
11	多管荧光灯		$n>3$
12	单管格栅灯		
13	双管格栅灯		
14	三管格栅灯		
15	投光灯		一般符号
16	聚光灯		

表 7-12　灯具安装方式的标注

序号	名称	标注文字符号	
		新标准	旧标准
1	线吊式	SW	WP
2	链吊式	CS	C
3	管吊式	DS	P
4	壁装式	W	W
5	吸顶式	C	—
6	嵌入式	R	R
7	顶棚内安装	CR	—
8	墙壁内安装	WR	—
9	支架上安装	S	—
10	柱上安装	CL	—
11	座装	HM	—

二、普通照明灯具的安装

(一)吊灯的安装

吊灯提供的是任务照明和一般照明。它采用了环状或锥状等组件来防止眩光，通常被用于吊式安装，放到餐桌上、厨房柜台上或其他场合。例如，将吊灯放到桌子的末端，另外，采用桌面台灯进行补光照明将会产生一种有趣的效果。同样也可以采用调光控制器，以便更加灵活地运用灯光来满足需求。

吊灯安装方式可分为链吊式、线吊式、管吊式，如图 7-21 所示。小型吊灯在吊棚上安装时，必须在吊棚主龙骨上设灯具紧固装置，将吊灯通过连接件悬挂在紧固装置上。有时需要在支持点处对称加设建筑物主体与棚面间的吊杆，以抵消灯具加在顶棚上的重力，使顶棚不至于下沉、变形。安装时要保证牢固和可靠。

图 7-21　吊灯安装方式

(二) 吸顶灯的安装

吸顶灯用于一般照明，常用到大厅、大堂、卧室、厨房、浴室、洗衣间、娱乐室等使用率较高的房间。它们采用的光源有白炽灯、荧光灯和节能灯三种。

吸顶灯的安装方式如图 7-22 所示。吸顶灯在混凝土顶棚上安装时，可以在浇筑混凝土前，根据图纸要求将木砖预埋在里面，也可以再次安装金属胀管螺栓。在安装灯具时，将灯具的底台用木螺钉安装在预埋的木砖上，或者用胀管螺栓将底盘固定在混凝土顶棚的胀管螺栓上，再把吸顶灯与底台、底盘固定。圆形底盘吸顶灯紧固螺栓数量不得少于 3 个；方形或矩形底盘吸顶灯紧固螺栓不得少于 4 个。

图 7-22　吸顶灯的安装方式

(三)壁灯的安装

壁灯通常用于补充式一般、任务和重点照明。其通常被作为餐厅花灯的配角，也可以用于过道、卧室、起居室的照明，还可用于洗漱台镜子前作为镜前灯。

壁灯的安装方式如图 7-23 所示。安装壁灯时，先在墙或柱上固定底盘，再用螺钉将灯具紧固在底盘上。壁灯底盘的固定螺钉一般不少于 2 个。壁灯的安装高度一般为：灯具中心距地面为 2.2 m 左右；床头壁灯以 1.2～1.4 m 为宜。

图 7-23　壁灯的安装方式

三、荧光灯的安装

荧光灯分为电感式和电子式两种。电感式荧光灯电路简单、使用寿命长、启动较慢、有频闪效应、镇流器易损坏；电子式荧光灯的接线与之相同，但不需要启辉器。

(一)荧光灯吸顶安装

根据设计图纸确定出荧光灯的位置，将荧光灯贴紧建筑物表面，如图 7-24 所示。

(二)荧光灯吊链(吊管)安装

吊链(吊管)的一端固定在建筑物顶棚上的塑料(木)台上，根据灯具的安装高度，将吊链(吊管)挂在灯架挂钩上，将灯具导线和灯头盒中引出的导线连接，并用绝缘胶布分层包扎紧密，理顺接头扣于塑料（木）台上的法兰盘内，用木螺钉将其拧牢。将灯具的反光板固定在灯架上。最后，调整好灯架，将灯管接好，如图 7-25 所示。

图 7-24　荧光灯吸顶安装

图 7-25　吊链（吊管）式荧光灯安装

（三）荧光灯嵌入吊顶内安装

荧光灯嵌入吊顶内安装时，应先把灯罩用吊杆固定在混凝土顶板上，底边与吊顶平齐。电源线从线盒引出后，应穿金属软管保护，如图 7-26 所示。

图 7-26　嵌入式荧光灯安装

四、花灯安装

花灯的样式正如其名，花样奇多。花灯是一种能增加辉光的灯具，适合用于餐厅等区域，能给就餐、娱乐等活动进行一般性照明。它们有时也会被用于卧室、大厅、起居室的照明。

1. 组合式吸顶花灯

组合式吸顶花灯安装应尽可能地将导线塞入灯头盒内，然后把托板的安装孔对准预埋螺栓，使托板四周和顶棚贴紧，用螺母将其拧紧，调整好各个灯口，悬挂好灯具的各种装饰物，并安装好灯管和灯泡。组合式吸顶花灯如图 7-27 所示。

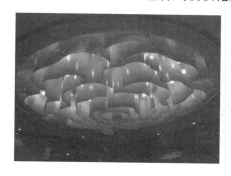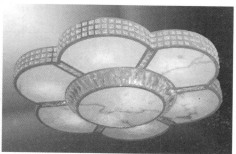

图 7-27　组合式吸顶花灯

2. 吊式花灯

将灯具托起，并将预埋好的吊杆插入灯具内，把吊挂销钉插入后要将其尾部掰开成燕尾状，并且将其压平。导线接好头，包扎严实。调整好各个灯口。安装好灯泡，最后再配上灯罩。吊式花灯如图 7-28 所示。

图 7-28　吊式花灯

五、开关安装

开关按面板型有 86 型、120 型、118 型、146 型、75 型。86 型开关是最常见的开关，插座外观为方形，外形尺寸为 86 mm×86 mm，安装孔中心距为 60.3 mm。86 型开关为国际标准，在很多发达国家均有使用，也是目前我国大多数地区工程和家装中最常用的开关，如图 7-29 所示。按照开关安装方式又可分为明装、暗装。照明开关在平面布置

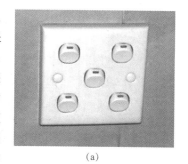

（a）

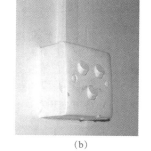

（b）

图 7-29　开关安装
（a）暗装开关；（b）明装开关

图上的图形符号见表 7-13。

表 7-13　照明开关在平面布置图上的图形符号

序号	名称	图形符号	说明
1	开关		开关一般符号（单联单控开关）
2	双联单控开关		
3	三联单控开关		
4	n 联单控开关	n	$n>3$
5	带指示灯的开关(带指示灯的单联单控开关)		
6	带指示灯双联单控开关		
7	带指示灯的三联单控开关		
8	带指示灯的 n 联单控开关	n	$n>3$
9	单极限时开关	t	
10	单极声光控开关	SL	
11	双控单极开关		
12	单极拉线开关		

按开关连接方式分为一开/两开/三开/四开(也称单联/双联/三联/四联或一位/二位/三位/四位等；几个开关并列在一个面板上控制不同的灯，俗称多位开关)。

(一)单联单控开关

单联单控开关：单联，又称一位、一联、单开，表示一只开关面板上有一个开关按键。单控，又称单极，表示一个开关按键只能控制一个支路。单联单控开关接线原理图如图7-30所示，实物图如图7-31所示。

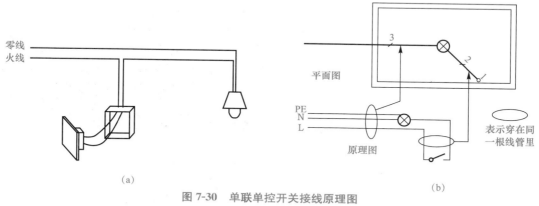

(a)   (b)

图 7-30　单联单控开关接线原理图

(a)二线制开关控制灯具方式；(b)三线制开关控制灯具方式

图 7-31　单联单控开关

(二)单联双控开关

单联双控开关(又称双控单级开关)，单联就是指面板只有一个按钮，双控是指由两个单刀双掷开关串联起来后接入电路。每个单刀双掷开关有三个接线端，分别连接着两个触点和一个刀。

单联双控开关接线原理图如图7-32所示，控制分析图如图7-33所示，实物接线图如图7-34所示。一般单联双控的面板背面有3个接线孔，分别是火线、L1、L2。单联双控开关与单联单控开关在外观上是没有差别的。

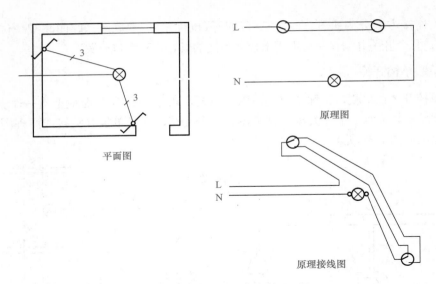

图 7-32　单联双控开关接线原理图

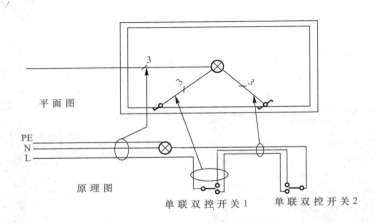

图 7-33　单联双控开关控制分析图

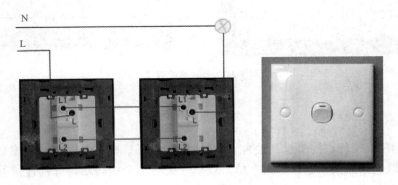

图 7-34　单联双控开关实物接线图

(三)双联单控开关

双联单控开关是一个面板上有两个单控的按钮，而且这两个按钮都是单向控制灯具的开关，即只能在固定的一个地方控制灯具的开灭，不同于用于楼梯间处的双向控制开关，可以在下面开，到上面关。它一般用于一个房间里面有两组灯源的情况。双联单控开关接线示意图如图 7-35 所示，实物图如图 7-36 所示。

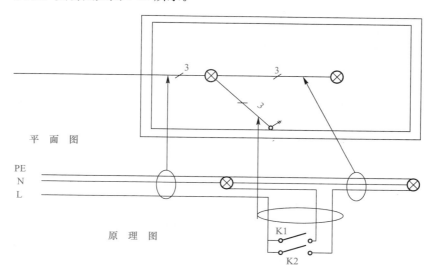

图 7-35　双联单控开关接线示意图

图 7-36　双联单控开关实物图

(四)其他开关

与双联单控开关类似，还有三联单控开关、四联单控开关、五联单控开关，如图 7-37 所示。

图 7-37　三联(四联、五联)单控开关

开关按启动方法可分为旋转开关(图 7-38)、跷板开关、按钮开关、声控开关(图 7-39)、触屏开关、倒板开关、接线开关等。

图 7-38　旋转开关

图 7-39　声控开关

开关安装规定：拉线开关距离地面的高度一般为 2～3 m，距离门口为 150～200 mm，且拉线的出口应向下；扳把开关距离地面的高度为 1.4 m，距离门口为 150～200 mm，开关不得置于单扇门后；暗装开关的面板应端正、严密并与墙面平；开关位置应与灯位相对应，同一室内开关方向应一致；成排安装的开关高度应一致，高低差不大于 2 mm，拉线开关相邻间距一般不小于 20 mm；多尘潮湿场所和户外应选用防水瓷制拉线开关或加装保护箱；在易燃、易爆和特别潮湿的场所，开关应分别采用防爆型、密闭型，或安装在其他处所控制。

六、插座

插座是指有一个或一个以上电路接线可插入的座，通过它可插入各种接线。这样便于与其他电路接通。通过线路与铜件之间的连接与断开，来最终达到该部分电路的接通与断开。插座种类很多：一般电源插座、单相二三极插座、三相插座、多功能带 usb 插孔插座。各种插座在平面布置图上的图形符号见表 7-14。

表 7-14　插座在平面布置图上的图形符号

序号	名称	图形符号	说明
1	电源插座、插孔		一般符号，用于不带保护极的电源插座。当电源插座需要区分不同类型时，宜在符号旁标注下列字母：1P—单相；3P—三相；1C—单相暗敷；3C—三相暗敷；1EX—单相防爆；3EX—三相防爆；1EN—单相密闭；3EN—三相密闭。
2	多个电源插座		符号表示三个插座
3	带保护极的电源插座		
4	单相二、三极电源插座		

序号	名称	图形符号	说明
5	带保护极和单极开关的电源插座		
6	三相四孔插座		分别表示明装、暗装

(一)单相插座

单相插座是在交流电力线路中具有单一交流电动势，对外供电时一般有两个接头的插座。单相插座的电压是 220 V。一般家庭用插座均为单相插座，其分为单相二孔插座、单相三孔插座和单相二、三孔插座，如图 7-40 所示。单相三孔插座比单相二孔插座多一个地线接口，即平时家用的三孔插座；单相二、三孔插座即使二孔插座和三孔插座结合在一起的插座。住宅中常用的单相插座可分为普通型、安全型、防水型、安全防水型等类型。所谓的三孔是地线、火线、零线，单相就是一根火线。安全型插座是指带儿童安全门的插座，儿童用金属、手指都无法接触到插座带电的金属部分，如图 7-41 所示。多孔插座就是多个二、三孔插座的组合，如图 7-42 所示。防水双联二、三孔暗装插座就是一个防溅盒加二、三插座，防溅盒就是防止插座进水的防水盒，如图 7-43 所示。

图 7-40 单相二、三孔插座

图 7-41 安全型插座

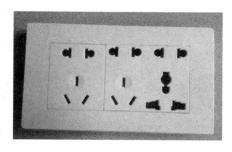

图 7-42 多孔插座

图 7-43　防水双联二、三孔暗装插座及防溅盒

(二)三相插座

三相插座是为三相用电设备提供便捷电源的简单装置。三相插座所提供的电源一般为 380 V 交流电源，也有选择两相使用的，如图 7-44 所示，一般可分为四孔插座和五孔插座。四孔三相插座，为 L1、L2、L3 相线加零线，没有地线或者根据用电设备需要把零线改为地线。五孔三相插座有 L1、L2、L3 相线，零线加地线。

图 7-44　三相插座

(三)带开关的插座

带开关的插座规格很常见，如三孔带开关、五孔带开关、16 A 空调等带开关插座，如图 7-45 所示。带开关的插座有两种，一种是用于控制此插座是否通电；另一种就是开关与插座的组合，开关不控制插座。

图 7-45　带开关插座

1. 单控开关带插座的接线方式

开关控制插座的接线方式，只需将开关部分的 L 进线从外部火线接入，另一端 L1 接出引到插座部分的 L 进线(原本接负载)，插座部分的 N 及接地线均从外部接入即可，如图 7-46 所示。这时开关就可控制插座是否通电。

开关不控制插座的接线方式，只需将开关部分的 L 进线从外部火线接入，另一端 L1 接出负载即可，插座部分的 L、N 及接地线均从外部接入即可。需要注意的是，开关火线和插座部分火线需从不同线路接进，互不影响，接线方式如图 7-47 所示，这时开关就不可控制插座是否通电了。

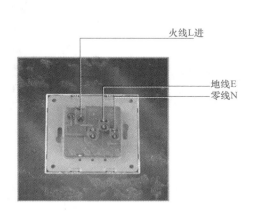

图 7-46 开关控制插座的接线方式

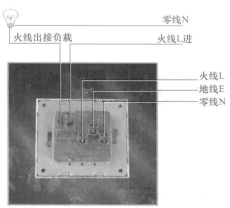

图 7-47 开关不控制插座的接线方式

2. 双控开关带插座的接线方式

双控开关控制插座的接线方式，只需将开关部分的 L 进线从外部火线接入，另一端 L1 接负载，L2 接入插座部分的 L 进线(当然也可以将 L1 和 L2 调换)，插座部分的 N 及接地线均从外部接入即可，如图 7-48 所示。

双控开关不控制插座的接线方式，只需将开关部分的 L 进线从外部火线接入，另一端 L1、L2 分别接负载即可，插座部分的 L、N 及接地线均从外部接入即可，如图 7-49 所示。

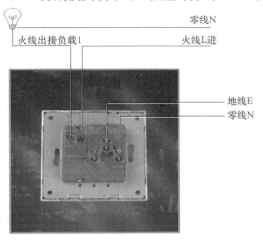

图 7-48 双控开关控制插座的接线方式

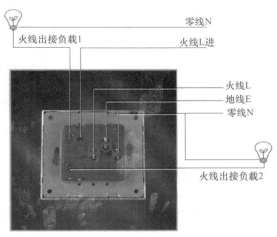

图 7-49 双控开关不控制插座的接线方式

(四)信息插座

信息插座也称弱电插座，是指电话、电脑、电视插座，因后端的接插模块市场价很高，所以都较贵。信息插座的种类很多，如图 7-50 所示，目前又有很多多功能信息插座产生，如图 7-51 所示。

图 7-50　信息插座

图 7-51　多功能信息插座

(五)底盒

底盒又称为开关盒、插座盒、接线盒。开关插座必须购买对应的底盒，例如，86 型开关插座必须对应 86 底盒，如图 7-52 所示。底盒安装时，一般两个螺钉孔都是左右布置的。现在有的开关是四个螺钉孔，即上、下、左、右。直观可以看到上、下的螺钉孔，左、右的螺钉孔在开关按板的下面，需要扣下按板才可以看到，因此，买家不用担心开关安装起来左右不一致。

图 7-52　底盒

插座安装规定：暗装和工业用插座距离地面不应低于 30 cm；在儿童活动场所应采用安全插座。采用普通插座时，其安装高度不应低于 1.5 m；同一室内安装的插座高低差不应大于 5 mm；成排安装的插座高低差不应大于 2 mm；暗装的插座应有专用盒，盖板应端正严密并与墙面平齐；落地插座应有保护盖板；在特别潮湿和有易燃、易爆气体及粉尘的场所不应装设插座。

第三节 建筑电气工程图识读

一、建筑电气工程施工图的概念

建筑电气工程施工图，是用规定的图形符号和文字符号表示系统的组成及连接方式、装置和线路具体的安装位置、走向的图纸。电气工程图的特点如下：

(1)建筑电气图大多是采用统一的图形符号并加注文字符号绘制的。

(2)建筑电气工程所包括的设备、器具、元器件之间是通过导线连接起来，构成一个整体，导线可长可短，能比较方便地表达较远的空间距离。

(3)电气设备和线路在平面图中并不是按比例画出它们的形状及外形尺寸，通常用图形符号来表示，线路中的长度是用规定的线路的图形符号按比例绘制。

二、常用的文字符号及图形符号

电气工程图常用的文字符号见表7-15。

表 7-15 电气工程图常用的文字符号

名　　称	符　　号	说　　明
相序	A	A相(第一相)涂黄色
	B	B相(第二相)涂绿色
	C	C相(第三相)涂红色
	N	N相为中性线涂黑色
线路敷设方式	DB	直埋敷设
	M	钢索敷设
	TC	电缆沟敷设
	SC	穿低压流体输送用焊接钢管(钢导管)敷设
	CE	电缆排管敷设
	CP	穿可挠金属电线保护套管敷设
	PC	穿硬塑料导管敷设
	FPC	穿阻燃半硬塑料管导管敷设
	CT	电缆托盘敷设
线路敷设部位	RS	沿屋面敷设
	WS	沿墙面敷设
	AB	沿或跨梁(屋架)敷设
	CE	沿顶棚敷设或顶板敷设
	AC	沿或跨柱敷设
	BC	暗敷设在梁内
	CC	暗敷设在顶板内
	FC	暗敷设在地板或地面下

名　称	符　号	说　明
线路的标注方式	WP	电力（动力）线路
	WG	控制电缆、测量电缆
	WL	照明回路
	WLE	应急照明线路

为了简化作图，国家有关标准制定部门和一些设计单位有针对性地对常见的材料构件、施工方法等规定了一些固定的画法式样，有的还附有文字符号标注。下列图表是在实际电气施工图常用的一些图例画法，根据它们可以方便地读懂电气施工图。表 7-16 为线路走向方式代号。

表 7-16　线路走向方式代号

序号	名称	图形符号	说明
1	向上配线或布线		方向不得随意旋转
2	向下配线或布线		宜注明箱、线编号及来龙去脉
3	垂直通过配线或布线		
4	由下引来配线或布线		
5	由上引来配线或布线		

三、电气施工图的组成

(一)图纸目录与设计说明

图纸目录与设计说明包括图纸内容、数量、工程概况、设计依据以及图中未能表达清楚的各有关事项。如供电电源的来源、供电方式、电压等级、线路敷设方式、防雷接地、设备安装高度及安装方式、工程主要技术数据、施工注意事项等。

(二)主要材料设备表

主要材料设备表包括工程中所使用的各种设备和材料的名称、型号、规格等，它是编制购置设备、材料计划的重要依据之一，见表 7-17。

表 7-17　主要设备材料表

序号	图　例	型号规格	安装方式	名　称
1	⊗	22W	吸顶	普通灯泡
2	⊢──────⊣	40W	吸顶	单管荧光灯
3		14W	吸顶	半球型荧光灯

序号	图例	型号规格	安装方式	名称
4	◐	22W	距顶 200 安装	壁灯
5	⌀	S51011B	下皮距地 1 400 暗装	暗装单极开关
6	⌀	S52021B	下皮距地 1 400 暗装	暗装双极开关
7	⌀	S52011B	下皮距地 1 400 暗装	单联双控开关
8	⌀	S52011B	下皮距地 1 400 暗装	暗装三极开关
9	⟂	S51084	下皮距地 300 暗装	单相二、三极插座
10	◠	S51084	下皮距地 1 800 暗装	单相防水插座
11	◭K	S51084	下皮距地 1 500 暗装	空调插座
12	◭P	S51084	下皮距地 1 800 暗装	排气扇插座(带开关)
13	◭Y	S51084	下皮距地 2 200 暗装	油烟机插座
14	◭C	S51084	下皮距地 1 500 暗装	厨房插座

(三)系统图

系统图有变配电工程的供配电系统图、照明工程的照明系统图、电缆电视系统图等。系统图反映了系统的基本组成、主要电气设备、元件之间的连接情况以及它们的规格、型号、参数等。图 7-53 所示为某照明配电箱的系统图。

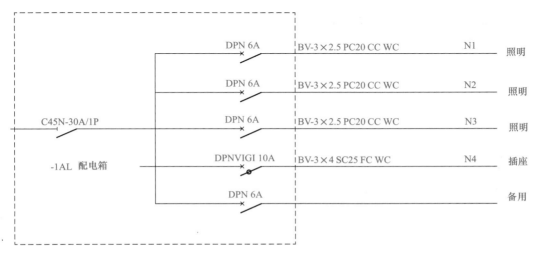

图 7-53 照明系统图

(四)平面布置图

平面布置图是电气施工图中的重要图纸之一，如变、配电所电气设备安装平面图，照明平面图，防雷接地平面图等，用来表示电气设备的编号、名称、型号及安装位置、线路的起始点、敷设部位、敷设方式及所用导线型号、规格、根数、管径大小等。通过阅读系统图，了解系统基本的组成之后，就可以依据平面图编制工程预算和施工方案，然后组织施工。图7-54所示为某地下室的照明平面图，与图7-53是对照的。

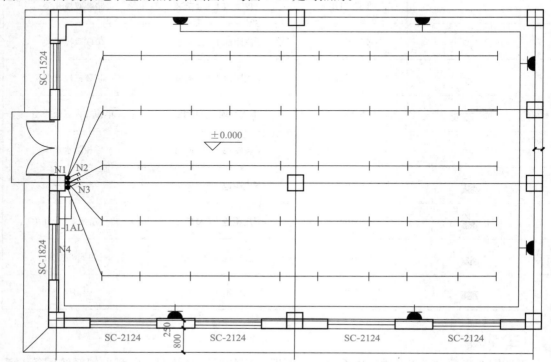

图 7-54　某地下室的照明平面图

(五)控制原理图

控制原理图包括系统中各所用电气设备的电气控制原理，用以指导电气设备的安装和控制系统的调试运行工作。

(六)安装接线图

安装接线图包括电气设备的布置与接线，应与控制原理图对照阅读，进行系统的配线和调校。

(七)安装大样图(详图)

安装大样图是详细表示电气设备安装方法的图纸，其对安装部件的各部位注有具体图形和详细尺寸，是进行安装施工和编制工程材料计划时的重要参考。

四、读图

(一)读图的原则

就建筑电气施工图而言，一般应遵循"六先六后"的原则。即：先强电后弱电、先系统后平面、先动力后照明、先下层后上层、先室内后室外、先简单后复杂。

(二)读图的方法及顺序

(1)看标题栏：了解工程项目名称内容、设计单位、设计日期、绘图比例。

(2)看目录：了解单位工程图纸的数量及各种图纸的编号。

(3)看设计说明：了解工程概况、供电方式以及安装技术要求。特别注意的是有些分项局部问题是在各分项工程图纸上说明的，看分项工程图纸时也要先看设计说明。

(4)看图例：充分了解各图例符号所表示的设备器具名称及标注说明。

(5)看系统图：各分项工程都有系统图，如变配电工程的供电系统图，电气工程的电力系统图，电气照明工程的照明系统图，了解主要设备、元件连接关系及它们的规格、型号、参数等，如图7-55所示。

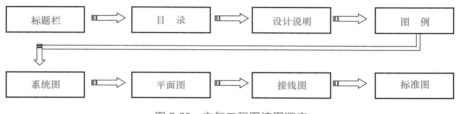

图 7-55　电气工程图读图顺序

(6)看平面图：了解建筑物的平面布置、轴线、尺寸、比例、各种变配电设备、用电设备的编号、名称和它们在平面上的位置、各种变配电设备起点、终点、敷设方式及在建筑物中的走向。

(7)读平面图的一般顺序，如图7-56所示。

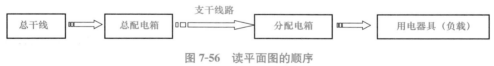

图 7-56　读平面图的顺序

看电路图、接线图：了解系统中用电设备控制原理，用来指导设备安装及调试工作。在进行控制系统调试及校线工作中，应依据功能关系从上至下或从左至右逐个回路地阅读，电路图与接线图端子图配合阅读。

(8)看标准图：标准图详细表达设备、装置、器材的安装方式方法。

(9)看设备材料表：设备材料表提供了该工程所使用的设备、材料的型号、规格、数量，其是编制施工方案、编制预算、材料采购的重要依据。

(三)读图注意事项

就建筑电气工程而言，读图时应注意以下事项：

(1)注意阅读设计说明，尤其是施工注意事项及各分部分项工程的做法，特别是一些暗设线路、电气设备的基础及各种电气预埋件更与土建工程密切相关，读图时要结合其他专业图纸阅读。

(2)注意系统图与系统图对照看，例如，供配电系统图与电力系统图、照明系统图对照看，核对其对应关系；系统图与平面图对照看，电力系统图与电力平面图对照看，照明系统图与照明平面图对照看，核对有无不对应的错误。看系统的组成与平面对应的位置，看系统图与平面图线路的敷设方式、线路的型号、规格是否保持一致。

(3)注意看平面图的水平位置与其空间位置。

(4)注意线路的标注,注意电缆的型号规格,注意导线的根数及线路的敷设方式。

(5)注意核对图中标注的比例。

复习思考题

1. 线管配管工程中金属软管的安装应符合哪些要求?

2. 简述电缆的基本结构。

3. 解释 YJV—0.6/1 kV—2(3×150+2×70)SC80 型号的含义。

4. 花灯装置的类型有哪些?

5. 单相暗装三孔插座的图形符号怎样表示?三孔插座接什么性质(作用是什么)的导线?面对三孔插座,其三线各对应哪个孔?

6. 插座的安装高度应符合设计的规定,当设计无规定时应符合什么样的要求?

7. 室内配线应遵循的基本原则有哪些?

8. 阅读建筑电气工程图的一般程序是什么?

9. 室内电气施工图中平面布置图和电气系统图都有哪些内容?

第八章

建筑物防雷工程识图与构造

知识目标

1. 掌握常用的防雷措施及建筑物防雷分类；
2. 熟悉常用的避雷针、避雷带、引下线、接地母线的类型及材质；
3. 了解防雷工程图的组成。

能力目标

1. 能分辨建筑物的防雷等级，并能对建筑物采取必要的防雷措施；
2. 能识别出图纸使用的避雷针、避雷带、引下线、接地母线的类型及材质。

素质目标

1. 遵守相关法律法规、标准和管理规定；
2. 具有严谨的工作作风、较强的责任心和科学的工作态度；
3. 具备良好的语言文字表达能力和沟通协调能力；
4. 爱岗敬业，严谨务实，团结协作，具有良好的职业操守。

第一节 建筑物防雷的基本知识

建筑物是否需要进行防雷保护，应采取哪些防雷措施，要根据建筑物的防雷等级来确定。

一、建筑物的防雷等级

建筑物按其火灾和爆炸的危险性、人身伤亡的危险性、政治经济价值分为三类。不同类别的建筑物有不同的防雷要求。

（1）第一类防雷建筑物，是指制造、使用或贮存炸药、火药、起爆药、火工品等大量危险物质，遇电火花会引起爆炸，从而造成巨大破坏或人身伤亡的建筑物。

（2）第二类防雷建筑物，是指国家级重点文物保护的建筑物；国家级的会堂、办公建筑物、大型展览和博览建筑物、大型火车站、国宾馆、国家级档案馆、大型城市的重要给水水泵房等特别重要的建筑物；国家级计算中心、国际通信枢纽等对国民经济有重要意义且装有大量电子设备的建筑物；制造、使用或贮存爆炸物质的建筑物，且电火花不易引起爆炸或不致造成巨大破坏和人身伤亡的建筑物。

（3）第三类防雷建筑物，是指需要防雷的除第一类、第二类防雷建筑物以外需要防雷的建筑物。

对于一、二类民用建筑，应有防直击雷、防雷电感应和防雷电波侵入的措施；对于第三类民用建筑，应有防止雷电波沿低压架空线路侵入的措施，至于是否需要防止直接雷击，要根据建筑物所处的环境以及建筑物的高度、规模来判断。

二、防直击雷的措施

直击雷防护是保护建筑物本身不受雷电损害，以及减弱雷击时巨大的雷电流沿着建筑物泄入大地时对建筑物内部空间产生的各种影响。建筑物防直击雷措施主要采用避雷针（避雷带、避雷网）、引下线、均压环、等电位、接地体等。图 8-1 所示为防直击雷示意图，对于矮小建（构）筑物防直击雷措施可以采用独立避雷针。

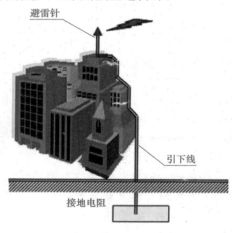

图 8-1　防直击雷示意图

三、防雷电感应的措施

为防止雷电感应产生火花，建筑物内部的设备、管道、构架、钢窗等金属物，均应通过接地装置与大地作可靠的连接，以便将雷云放电后在建筑上残留的电荷迅速引入大地，避免雷害。对平行敷设的金属管道、构架和电缆外皮等，当距离较近时，应按规范要求，每隔一段距离用金属线跨接起来。

四、防雷电波侵入的措施

为防雷电波侵入建筑物，可利用避雷器或保护间隙将雷电流在室外引入大地。如图 8-2

所示，避雷器装设在被保护物的引入端，其上端接入线路，下端接地。在正常时，避雷器的间隙保持绝缘状态，不影响系统正常运行；在遭受雷击后，有高压冲击波沿线路袭来，避雷器被击穿而接地，从而强行泄流冲击波电流。雷电流通过以后，避雷器间隙又恢复绝缘状态，保证系统正常运行。

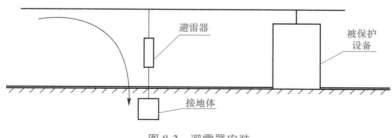

图 8-2　避雷器安装

五、防雷电反击的措施

当防雷装置接受雷击时，雷电流沿着接闪器、引下线和接地体流入大地，并且在它们上面产生很高的电位。如果防雷装置与建筑物内外电气设备、电线或其他金属管线的绝缘距离不够，它们之间就会产生放电现象，这种情况被称之为反击。反击的发生，可引起电气设备绝缘被破坏，金属管道被烧穿，甚至引起火灾、爆炸及人身事故。

防止反击的措施有两种。一种是将建筑物的金属物体（含钢筋）与防雷装置的接闪器、引下线分隔开，并且保持一定的距离。另一种是当防雷装置不易与建筑物内的钢筋、金属管道分隔开时，则将建筑物内的金属管道系统，在其主干管道外与靠近的防雷装置相连接，有条件时，宜将建筑物每层的钢筋与所有的防雷引下线连接。

六、综合防雷设计的六大要素

防雷设计是一个很复杂的问题，不可能依靠一、二种先进的防雷设备和防雷措施就能完全消除雷击过电压和感应过电压的影响，必须针对雷害入侵途径，对各类可能产生雷击危害的因素进行综合防护，才能将雷害减少到最低限度。这种综合防护主要包括接闪、分流、均压、屏蔽、接地、合理布线，统称为综合防雷六大要素。

1. 接闪

接闪就是让在一定程度范围内出现的闪电放电不能任意地选择放电通道，而只能按照人们事先设计的防雷系统的规定通道，将雷电能量泄放到大地中去。

2. 分流

分流就是在一切从室外来的导体（包括电力电源线、数据线、电话线或天馈线等信号线）与防雷接地装置或接地线之间并联一种适当的避雷器 SPD，当直击雷或雷击效应在线路上产生的过电压波沿这些导线进入室内或设备时，避雷器的电阻突然降到低值，近于短路状态，雷电电流就由此处分流入地了。由于雷电流在分流之后，仍会有少部分沿导线进入设备，这对于一些不耐高压的微电子设备来说也是很危险的，所以对于这类设备在导线进入机壳前，应进行多级分流（即不少于三级防雷保护）。

3. 均压

均压是指使建筑物内的各个部位都形成一个相等的电位，即等电位。若建筑物内的结构钢筋与各种金属设置及金属管线都能连接成统一的导电体，建筑物内当然就不会产生不同的电位，这样就可保证建筑物内不会产生反击和危及人身安全的接触电压或跨步电压，对防止雷电电磁脉冲干扰微电子设备也有很大的好处。钢筋混凝土结构的建筑物最具备实现等电位的条件，因为其内部结构钢筋的大部分都是自然而然地焊接或绑扎在一起的。

为满足防雷装置的要求，应有目的地把接闪装置与梁、板、柱和基础可靠地焊接、绑扎或搭接在一起，同时再将各种金属设备和金属管线与之焊接或卡接在一起，这就使整个建筑物成为良好的等电位体。

4. 屏蔽

屏蔽的主要目的是使建筑物内的通信设备、电子计算机、精密仪器以及自动控制系统免遭雷电电磁脉冲的危害。建筑物内的这些设施，不仅在防雷装置接闪时会受到电磁干扰，而且由于它们本身灵敏性高且耐压水平低，有时附近打雷或接闪时，也会受到雷电波的电磁辐射的影响，甚至在其他建筑物接闪时，还会受到从该处传来的电磁波的影响。因此，我们应尽量利用钢筋混凝土结构内的钢筋，即建筑物内地板、顶板、墙面及梁、柱内的钢筋，使其构成一个网笼，从而实现屏蔽。由于结构构造的不同，墙内和楼板内的钢筋有疏有密，当钢筋密度不够时，设计人员应按各种设备的不同需要增加网格的密度。良好的屏蔽不仅使等电位和分流这两个问题迎刃而解，而且对防御雷电电磁脉冲也是最有效的措施。此外，建筑物的整体屏蔽还能防球雷、侧击和绕击雷的袭击。

5. 接地

接地就是让已经流入防雷系统的闪电电流顺利地流入大地，而不能让雷电能量集中在防雷系统的某处对被保护物体产生破坏作用，良好的接地才能有效地泄放雷电能量，降低引下线上的电压，避免发生反击。

过去的一些旧规范要求电子设备单独接地，其目的是防止电网中杂散电流干扰设备的正常工作。但现在，防雷工程设计已不提倡单独接地，而是更多的与防雷接地系统共用接地装置，但接地电阻要由原来的小于 $4\ \Omega$ 减少到 $1\ \Omega$。我国现用的规范规定，如果电子设备接地装置采用专用的接地系统，则其与防雷接地系统的地中距离要大于 $20\ m$。防雷接地是防雷系统中最基础的环节，也是防雷安装验收规范中最基本的安全要求。接地不好，所有防雷措施的防雷效果都不能发挥出来。

6. 合理布线

合理布线是指如何布线才能获得最好的综合效果。现代化的建筑物都离不开照明、动力、电话、电视和计算机等设备的管线，在防雷设计中，必须考虑防雷系统与这些管线的关系。为了保证在防雷装置接闪时这些管线不受影响，首先，应该将这些电线穿于金属管内，以实现可靠的屏蔽；其次，应该把这些线路的主干线的垂直部分设置在建筑物的中心部位，且避免靠近用作引下线的柱筋，以尽量缩小被感应的范围。除考虑布线的部位和屏蔽外，还应在需要的线路上加装避雷器、压敏电阻等浪涌保护器。因此，设计室内各种管线时，必须与防雷系统统一考虑。

第二节 防雷装置的图形与构造

一、常见防雷接地装置图例

常见防雷接地装置图例见表 8-1。

表 8-1 常见防雷接地装置图例

序号	名称	图例	序号	名称	图例
1	一般避雷针		8	圆钢垂直接地体	
2	球形避雷针		9	圆钢水平接地体	
3	避雷带		10	扁钢水平接地体	
4	避雷线		11	板材接地体	
5	避雷网		12	等电位联结端子	
6	引下线		13	保护接地	
7	角钢垂直接地体		14	接地	

二、防雷工程图纸的项目组成

(1)在图纸封面上将本次工程的全名、初步设计、施工图设计阶段、参加与本工程设计有的人员、设计单位、年月日、设计编号、工程编号等信息明确。

(2)设计说明中需要提供防雷工程概况、类别、设计依据、主要防雷装置的规格型号、工程特点、使用的新技术、新材料、新工艺及施工的要求。

1)工程概况的编写项目。工程概况编写主要交代防雷工程项目的具体位置、建筑(构筑)物以及信息系统的防雷类别,防雷工程应做的分项目名称等。

2)设计依据。设计依据中要写明与本工程设计有关的技术规范、勘查报告、法律条文、气象、地质土壤信息等相关资料。

3)设计参数。设计参数要说明的是防雷装置的主要技术参数,如避雷针的高度、强度、防护类别、电气参数;电源、信息系统安装的 SPD 的主要技术参数、接地电阻、接地形式等相关信息。

4）设备、材料要求。安装的防雷装置所采用的主要设备的材料应符合防雷技术、机械强度要求以及主要材料的主要性能。

5）施工说明。在某些设备或装置或做法无法在图纸上表达的要在说明中具体说明施工方法、工艺或规范要求等。

6）其他措施。与防雷工程的施工有关的辅助技术措施应简单地叙述，如防雷装置上应注明与其他设备或人员安全之间的关系，警示牌之类的语句或标识牌。

（3）其他。

1）防雷工程图纸目录中将所有的图纸按类别分类，并附注代号和序号。

2）防雷设施原理图、平面图、设计、施工图、详图等。

3）防雷工程图纸设计顺序为先外部后内部，从下到上的顺序设计、编制图号。

三、接闪器

接闪器也叫作受雷装置，是接受雷电流的金属导体。接闪器的作用是使其上空电场局部加强，将附近的雷云放电诱导过来，通过引下线注入大地，从而使离接闪器一定距离内一定高度的建筑物免遭直接雷击。接闪器的基本形式有避雷针、避雷带、避雷网三种。

（一）避雷针

按滚球法为建筑物避雷针计算的保护范围，可以用一个以避雷针为轴的圆锥形来表示，如图 8-3 所示。如果建筑物正处于这个空间范围内，就能够得到避雷针的保护。

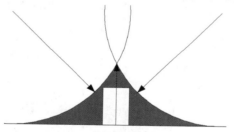

图 8-3　避雷针的保护范围

避雷针只是接闪器中的一个小类，而任何金属构件都可以用来做接闪器。避雷针一般用镀锌圆钢或镀锌钢管制成，上部制成针尖形状，长为 $1\sim 2$ m，钢管厚度不小于 3 mm，建筑钢筋直径大于 8 mm，都可以用来制作避雷针，只需在安装上去以后在其表面涂刷一到两层防锈漆即可，其价格非常低廉。从这个意义上来说避雷针是没有品牌的普通避雷针，如图 8-4 所示。

市场上有各种各样所谓知名品牌的避雷针，如图 8-5 所示，大都以"预放电"或者"提前放电"作为其卖点，都是从国外进口的所谓"特殊避雷针"，其所宣称的保护范围远远超过按照滚球法的原理所计算的保护范围，其价格非常昂贵，动辄几万元一根。这些避雷针的所谓科学原理到目前为止，在我国尚未得到认可，其防雷效果也没有得到实践的验证。在建筑物上即使安装了这样的避雷针，在防雷验收时，还是要按照传统的滚球法的原理进行计算，花高价购买了这样的避雷针的客户，要提防这方面的风险。如图 8-6 所示。

图 8-4　普通避雷针

图 8-5　各种品牌避雷针

图 8-6　安装了品牌避雷针

独立避雷针是指不借助其他建筑物、构筑物等，而专门组装假设杆塔，并安装接闪器，如图 8-7 所示。如在空旷田野中的大型变配电站四周架设的避雷针就属于独立避雷针。独立避雷针安装应区分针高（指避雷针顶部至地面的垂直距离），以"基"为计量单位计算。高度在 20 m 以内的独立避雷针通常用木杆或水泥杆支撑，更高的避雷针则采用钢铁构架。

（二）避雷带

避雷带的保护范围同样是用滚球法计算的，当建筑物屋顶面积较大时，可以用避雷带作为避雷针的补充，避雷带的保护范围如图 8-8 所示。

图 8-7　独立避雷针

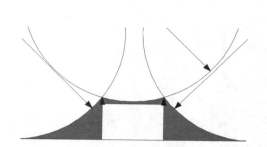

图 8-8　避雷带的保护范围

避雷带是用小截面圆钢或扁钢做成的条形长带，装设在建筑物易遭雷击部位。根据长期的经验证明，雷击建筑物有一定的规律，最可能受雷击的地方是屋脊、屋檐、山墙、烟囱、通风管道以及平屋顶的边缘等。在建筑物最可能遭受雷击的地方装设避雷带，可对建筑物进行重点保护，如图 8-9 所示。为了使不易遭受雷击的部位也有一定的保护作用，避雷带一般高出屋面 0.2 m。避雷带一般用直径≥8 mm 镀锌圆钢［图 8-9（a）］、壁厚≥3 mm 的钢管［图 8-9（b）］或截面≥50 mm² 的扁钢做成，可采用如图 8-10 所示的方法，将避雷带每隔 1 m 用支架固定在女儿墙上，或用图 8-11 所示的方法，将避雷带固定在屋顶的现浇的混凝土支座上。

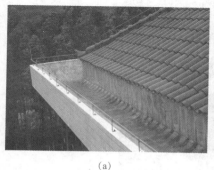

（a）

（b）

图 8-9　避雷带

（a）圆钢避雷带；（b）钢管避雷带

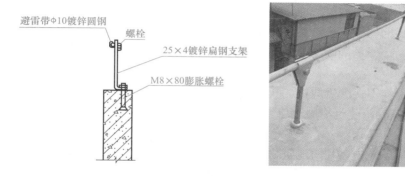

图 8-10　女儿墙上固定避雷带

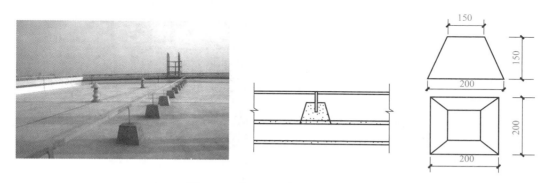

图 8-11　混凝土支座上固定避雷带

(三)避雷网

避雷网相当于纵横交错的避雷带叠加在一起,它的原理与避雷带相同,其材料采用截面面积不小于 $50\ mm^2$ 的圆钢或扁钢,交叉点需要进行焊接。避雷网宜采用暗装,其距离面层的厚度一般不大于 20 cm。有时也可利用建筑物的钢筋混凝土屋面板作为避雷网,钢筋混凝土板内的钢筋直径不小于 3 mm,并须连接良好。当屋面装有金属旗杆或金属柱时,均应与避雷带或避雷网连接起来。避雷网是接近全保护的一种。

另外,建筑物的金属屋顶也是接闪器,它像是网格更密的避雷网一样。屋面上的金属栏杆,也相当于避雷带,都可以加以利用。

四、引下线

引下线又称引流器,接闪器通过引下线与接地装置相连。引下线的作用是将接闪器"接"来的雷电流引入大地,它应能保证雷电流通过而不被熔化。引下线一般采用圆钢或扁钢制成,其截面面积不得小于 $48\ mm^2$,在易遭受腐蚀的部位,其截面应适当加大。为避免腐蚀加快,最好不要采用胶线作引下线。

引下线分为明敷与暗敷两种。暗敷的借用建筑主筋,明敷的采用圆钢或扁钢,应在平面图中标示。引下线敷设平面图上须将引下线位置绘制在具有定位轴的图纸上,并用符号注明。引下线敷设大样应由剖面图和详图构成,需将引下线敷设方法绘制出来,在材料表中注明引下线的规格、数量、材料名称等。

建筑物的金属构件，如消防梯、烟囱的铁爬梯等都可作为引下线，但所有金属部件之间都应连成电气通路。引下线沿建（构）筑物的外墙明敷设，固定于埋设在墙里的支持卡子上（图 8-12）。支持卡子的间距为 1.5 m。为保持建筑物的美观，引下线也可暗敷设，但截面应加大。

每栋建筑引下线不得少于两根，其间距不大于 30 m。而当技术上处理有困难的，允许放宽到 40 m，最好是沿建筑物周边均匀引下。但对于周长和高度均不超过 40 m 的建筑物，可只设一根引下线。

目前，在高层建筑中，利用建筑物钢筋混凝土屋面板、梁、柱、基础内的钢筋作为防雷引下线，是我国常用的方法。用作引下线的钢筋为了保证导电性，必须进行电气焊接，如图 8-13 所示。

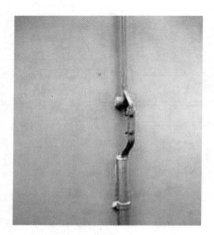

图 8-12　明敷圆钢引下线

图 8-13　利用柱内钢筋作引下线

当采用两根以上引下线时，为了便于测量接地电阻以及检查引下线与接地线的连接状况，应在距离地面 1.8 m 以下处，设置断接卡子。常用暗装引下线的断接卡设置如图 8-14 所示。

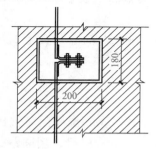
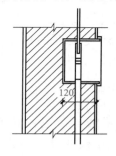

图 8-14　暗装引下线的断接卡子设置

防雷笼网是笼罩着整个物的金属笼，它是利用建筑结构配筋所形成的笼作接闪器，对于雷电能起到均压和屏蔽作用。接闪时，笼网上出现高电位，笼内空间的电场强度为零，笼上各处电位相等，形成一个等电位体，使笼内人身和设备都被保护。对于预制大板和现浇大板结构的建筑，网格较小，是理想的笼网，而框架结构建筑，则属于大格笼网，虽不如预制大板和现浇大板笼网严密，但一般民用建筑的柱间距离都在 7.5 m 以内，所以也是安全的。利用建筑物结构配筋形成的笼网来保护建筑，既经济又不损坏建筑物的美观。图 8-15所示为防雷笼网。

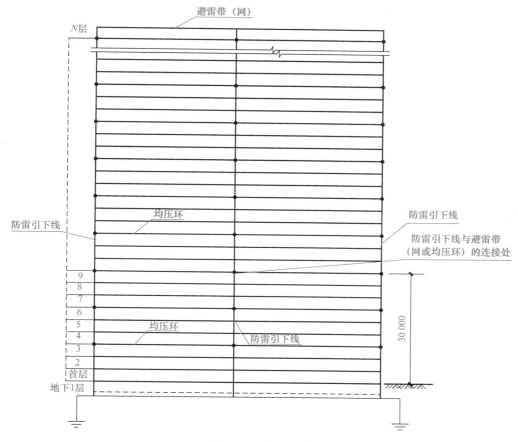

图 8-15　防雷笼网

五、接地装置

接地装置是埋在地下的接地导体（即水平连接线）和垂直打入地内的接地体的总称。其作用是把雷电流疏散到大地中去。接地体的接地电阻要小（一般不超过 10 Ω），这样才能迅速地疏散雷电流。

（1）自然接地体的利用。建筑物的钢结构和钢筋、行车的钢轨、埋地的金属管道（可燃液体和可燃可爆气体的管道除外）以及敷设于地下而数量不少于两根的电缆金属外皮等，均可作为自然接地体。变配电所可利用它的建筑物钢筋混凝土基础作为自然接地体。接地装置图纸如果是自然接地体，则将做接地装置的钢筋和引下线跟踪钢筋明确标示。

（2）人工接地体的装设。人工接地体有垂直埋设和水平埋设两种基本结构形式。常用的垂直接地体（接地极）为直径 50 mm、长 2.5 m 的钢管或 ∟ 50×5 的角钢，为了减少外界温度变化对流散电阻的影响，埋入地下的垂直接地体上端距地面不应小于 0.7 m。接地极敷设如图 8-16 所示。对于敷设在腐蚀性较强的场所的接地装置，应根据腐蚀的性质，采用热镀锡、热镀锌等防腐蚀措施，或适当加大截面。当多根接地体相互靠近时，入地电流的流散相互排挤，这种影响称为屏蔽效应。这使接地装置的利用率下降，所以，垂直接地体的间距不宜小于 5 m，水平接地体(接地母线)的间距也不宜小于 5 m。图 8-17 所示为水平接地体(接地母线)布置图。图 8-18 所示为扁钢接地母线及接地实物图。

图 8-16　人工接地极敷

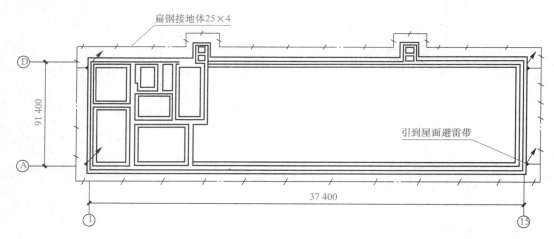

图 8-17　水平接地体(接地母线)布置图

图 8-18　扁钢接地母线与敷设

为满足接地电阻的要求，垂直埋设的接地体一般不只 1 根，用水平埋设的扁钢将它们连接起来，所采用扁钢的截面不小于 100 mm^2，扁钢厚度不小于 4 mm。

当有雷电流通过接地装置向大地流散时，在接地装置附近的地面上，将形成较高的跨步电压，危及行人安全，因此，接地体应埋设在行人较少的地方，要求接地装置距建筑物或构筑物出入口及人行道不应小于 3 m。当受地方限制而小于 3 m 时，应采取降低跨步电压的措施，如在接地装置上面敷设 50～80 mm 厚的沥青层，其宽度超过接地装置 2 m。

除上述人工接地体外，还可利用建筑物内外地下管道或钢筋混凝土基础内的钢筋作自然接地体，但须具有一定的长度，并满足接地电阻的要求。首先充分利用自然接地体，节约投资，如果实地测量的自然接地体电阻已满足接地电阻值的要求而且又满足热稳定条件时，可不必再装设人工接地装置，否则应装设人工接地装置作为补充。人工接地装置的布置应使接地装置附近的电位分布尽量均匀，以降低接触电压和跨步电压，保证人身安全。

六、避雷器

为防雷电波侵入建筑物，可利用避雷器或保护间隙将雷电流在室外引入大地。避雷器应装设在被保护物的引入端，使其上端接入线路，下端接地。正常时，避雷器应的间隙保持绝缘状态，不影响系统正常运行；雷击时，有高压冲击波沿线路袭来，避雷器击穿而接地，从而强行截断冲击波。雷电流通过以后，避雷器间隙又恢复绝缘状态，保证系统正常运行。避雷器的工作原理如图 8-19 所示。

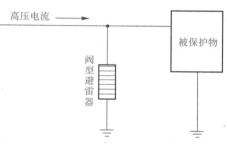

图 8-19　避雷器的工作原理

常用的阀型避雷器，如图 8-20 所示。其基本元件是由多个火花间隙串联后再与一个非线性电阻串联起来，安装在密封的瓷管中。一般非线性电阻用金刚砂和结合剂烧结而成，正常情况下，阀片电阻很大，而在过电压时，阀片电阻自动会变得很小，在过电压作用下，火花间隙被击穿，过电流被引入大地，在过电压消失后，阀片又呈现很大电阻，火花间隙恢复绝缘。

保护间隙，是一种简单的防雷保护设备，由于制成角型，所以也称羊角间隙，如图 8-21 所示。保护间隙的结构简单，成本低，维护方便，但保护性能差，灭弧能力小，容易引起线路开关跳闸或熔断器熔断，造成停电。所以，对于装有保护间隙的线路上，一般要求装设有自动重合闸装置或自重合熔断器与其配合，以提高供电可靠性。

图 8-20　常用的阀型避雷器

图 8-21　保护间隙

为防止雷电波沿低压架空线侵入，在入户处或接户杆上应将绝缘子的铁脚接到接地装置上。

七、建筑防雷工程实例工程图

某综合楼防雷接地系统，如图 8-22 所示，图纸还附有施工说明。

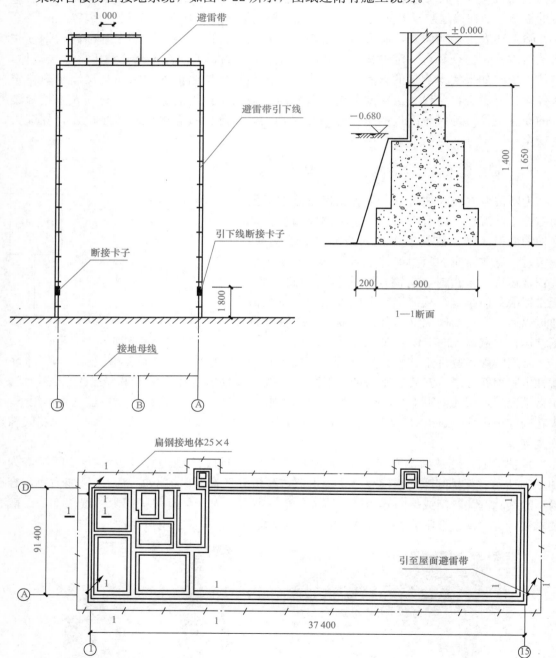

图 8-22　某综合楼防雷接地图

1. 施工说明

(1)避雷带、引下线均采用 25×4 的扁钢，需镀锌或做防腐处理。

(2)引下线在地面上 1.7 m 至地面下 0.3 m 一段，用 50 mm 硬塑料管保护。

(3)本工程采用 25×4 扁钢做水平接地体，绕建筑物一周埋设，其接地电阻不大于 10 Ω。施工后达不到要求时，可增设接地极。

(4)施工采用国家标准图集 D562，D563，并应与土建密切配合。

2. 防雷平面图和立面图

(1)接闪器的设置。该住宅建筑设置的接闪器为避雷带，避雷带沿屋面四周女儿墙敷设，首先在女儿墙上埋设支持卡子，支持卡子间距为 1 m，转角处为 0.5 m，然后将避雷带与支持卡子焊为一体。

(2)引下线的敷设。在西面和东面墙上分别敷设两根引下线(25×4 扁钢)，引下线上与避雷带焊接，下与埋于地下的接地体连接，引下线在距地面 1.8 m 处设置引下线断接卡子。引下线支架间距 1.5 m。如图 8-22 所示。

3. 接地平面图

(1)接地装置的设置。接地体沿建筑物基础四周埋设，埋设深度在地平面以下 1.65 m，在−0.68 m 开始向外，距基础中心距离为 0.65 m。

(2)接地装置的安装。建筑接地体为水平接地体，在土建基础工程完工未进行回填土之前，将扁钢接地体敷设好。并在与引下线连接处，引出一根扁钢，做好与引下线连接的准备工作。扁钢连接应焊接牢固，形成一个环形闭合的电气通路，实测接地电阻达到设计要求后，再进行回填土。

复习思考题

1. 雷电有哪些危害？

2. 建筑物雷电防护可分为几类？请分别说明，并举两种有代表性的建筑物。

3. 必须安装雷电灾害防护装置场所或者设施有哪些？

4. 请叙述建筑物防雷设计的 6 个要素。

5. 接地系统的主要作用是什么？

6. 何谓接地？接地的作用是什么？接地装置由哪几部分组成？

7. 避雷器的工作原理是什么？

参考文献

［1］张爱云，张碧莹．建筑设备安装工程计量与计价［M］．郑州：黄河水利出版社，2011.

［2］侯志伟．建筑电气工程识图与施工［M］．北京：机械工业出版社，2004.

［3］张卫兵．电气安装工程识图与预算入门［M］．北京：人民邮电出版社，2005.

［4］张奎．给水排水管道工程技术［M］．北京：中国建筑工业出版社，2005.

［5］程和美．管道工程施工［M］．北京：中国建筑工业出版社，2007.

［6］张奎，张志刚．给水排水管道系统［M］．北京：机械工业出版社，2007.

［7］徐志嫦，李梅．建筑消防工程［M］．北京：中国建筑工业出版社，2009.

［8］肖稳安，李霞，马忠安，等．雷电与防护专业知识问答［M］．北京：气象出版社，2015.